U0344394

Macro-economic
Analysis on Climate Change

气候变化的
宏观经济分析

李 宾◎著

中国经济出版社
CHINA ECONOMIC PUBLISHING HOUSE
北 京

图书在版编目（CIP）数据

气候变化的宏观经济分析/李宾著.
—北京：中国经济出版社，2018.11
ISBN 978 - 7 - 5136 - 5386 - 2

Ⅰ.①气… Ⅱ.①李… Ⅲ.①宏观经济分析—应用—气候变化—研究 Ⅳ.①P467

中国版本图书馆 CIP 数据核字（2018）第 228248 号

责任编辑　贺　静　郭国玺
责任印制　马小宾
封面设计　久品轩工作室

出版发行　中国经济出版社
印 刷 者　北京力信诚印刷有限公司
经 销 者　各地新华书店
开　　本　710mm×1000mm　1/16
印　　张　12.5
字　　数　182 千字
版　　次　2018 年 11 月第 1 版
印　　次　2018 年 11 月第 1 次
定　　价　58.00 元
广告经营许可证　京西工商广字第 8179 号

中国经济出版社 网址 www. economyph. com 社址 北京市西城区百万庄北街 3 号 邮编 100037
本版图书如存在印装质量问题，请与本社发行中心联系调换（联系电话：010 - 68330607）

代 序

>>> **威廉·诺德豪斯与气候变化经济学**

鉴于本书内容与威廉·诺德豪斯的气候变化经济学有着紧密的联系，而他又刚刚荣获 2018 年诺贝尔经济学奖，在本文中对这位气候变化经济学奠基人的学术成长历程和学术成就作一个简要介绍。

一、气候变化与经济学

传统上，气候变化属于自然科学的研究领域。这一议题源自于由人类经济活动所产生的温室气体过多过快，超过了地球生态系统吸纳它们的速度，从而温室气体在大气层中不断累积，有可能使得地球表面温度升高，而这将带来难以估量的影响（Cline，1991）。温室气体主要包括二氧化碳、甲烷、氟氯化物、氮化物。它们在地球生态系统中的流动涉及到对大气、海洋、极地冰川、森林植被、农作物、能源、环境等的考察，温室效应的原理则来源于物理学的热辐射。所有这些都属于自然科学的范畴。联合国政府间气候变化专门委员会（IPCC）不定期发布的专题报告，就是在自然科学的最新文献基础上综合而成的。

那么，经济学作为一门人文社会学科，其切入气候变化议题的原因到底在哪里呢？Nordhaus（1982）给出了两点理由。一方面，旨在减少温室气体排放的政策措施，必须经由经济系统才可起作用。另一方面，气候变化也会对经济系统的生产过程和最终产出发生影响，比如干旱导致粮食歉收。Mendelsohn 等人（1994）表述了一个更深层的理由，那就是自然学科在做预测时，往往使用简单的外推法，比如把二氧化碳排放量与 GDP 相挂钩。这样的处理方法忽略了微观主体对经济环境变化的适应能力。如果气候变得干旱，那么，农场主可以选择不种植小麦，而改种对水分要求更低的玉米。类似地，如果政府出台碳税，企业可寻求替代能源，从而在二氧化碳排放量下降的同时，GDP 增速并不一定放慢。可见，自然学科在探索地球生态系统的规律上固然起着基础性的作用，但如果涉及遏制气候变暖的政策实践，那就绕不开经济学。

诺德豪斯 1982 年发表的论文被认为是气候变化经济学的开山之作。此文虽短，却对二氧化碳的特性、减排的国际合作、政策手段、不确定性等相关问题都有所论述。文中所表述的许多忧虑，在近 30 年来逐渐在现实中一一呈现，比如国际合作的艰难性、分析研究中的不确定性等。不过，鲜为人知的是，诺德豪斯在发表此文之前，经历了大约 15 年之久的研究重心转型期。

1967 年，26 岁的诺德豪斯从美国麻省理工大学取得经济学博士学位，同年在耶鲁大学获得教职。在随后的 6 年中，他的论文涵盖了经济增长、技术变化、税收、价格水平、劳动工资等较为宽阔的研究领域。从此阶段所公开发表和出版的十余篇论文和一部著作来看，诺德豪斯的主要研究方向是增长理论，兼顾向其他领域探索。由于受罗马俱乐部的影响，他也开始研究资源经济学（Nordhaus，1992），并从 1973 年开始发表此领域的论文。从 1973 到 1982 年，诺德豪斯仍然是一位多产的研究者，发表论文 24篇，出版著作 3 部，其中关于资源与气候变化的仅为 4 篇论文和 1 部著作。从 1974 年（Nordhaus，1974；1977）到 1982 年（Nordhaus，1982），他逐步形成了这样一种认识：虽然资源的数量在表面上是有限的，但科技的潜力却能提供近乎无限的能源，真正对未来构成潜在威胁的是具有全球外部性的温室效应；而在几个主要的温室气体中，又以二氧化碳的惰性最强、存量最大，因而最难治理。

从 1982 年开始，诺德豪斯表现出主攻气候变化的研究倾向。对于一个在宏观领域几乎可以无所不为的经济学家而言，他之所以做出这样的选择，自然是由于他认为这个研究方向比其他方向更具有研究价值。然而，这注定了是一条艰辛无比的道路。一方面，经济学界很少有人尝试过对气候变化问题的探索，诺德豪斯却要在几乎孤军奋战的情况下从没有路的地方开辟出一条路。这其中蕴藏着很大的研究风险。另一方面，气候变化是不是一个问题，气候是不是在朝变暖的方向发展，以及即便如此，其原因是不是由人类经济活动引起的，在自然科学领域一直都存有争议。这种分歧削弱了自然科学界劝说大众采取行动来遏制全球变暖时的可信度。两方面的因素使得气候变化经济学在相当长时间里都属于经济学里的冷门旁支。直到 2006 年，斯特恩报告成功地引起世界对气候变化问题的广泛关注，人们才发现，气候变化经济学的最新文献都在不断地引用同一个名字：诺德豪斯。

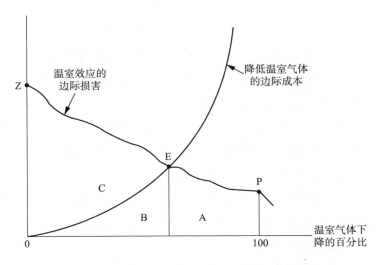

图 A-1　诺德豪斯在气候变化的研究中引入边际分析法

二、气候变化综合评估模型

俗话说，知易行难。认识到气候变化议题的重要性是一回事，要在这个"蛮荒之地"上以经济学切入进去，则是另一回事。从 1982 年到 1991 年，是诺德豪斯在学术领域相对沉寂的一段时期。虽然他的论文发表数量仍然不少，接近 30 篇，但发表在《美国经济评论》（AER）上的论文仅有

1 篇，远低于 1982 年之前的水平。为何如此呢？这应该就是在探索一条新路的过程中遭遇巨大困难的体现。诺德豪斯在尝试着把经济系统与生态系统整合在一个模型框架里，即：经济系统在运转过程中产生二氧化碳，二氧化碳导致生态系统发生变化，这种变化再影响到经济系统，形成一个循环流。其中，经济系统以新古典增长模型为基础，如今研究气候变化的主流工具——气候变化综合评估模型（IAM），就是秉承了这一框架。

Nordhaus 的论文 *To Slow or Not to Slow：The Economics of the Greenhouse Effect*（1991）的发表标志着 IAM 的发端。此前的数篇论文都是在为它的出现做模型架构和数值计算上的准备。以诺德豪斯的功底，在一般均衡框架里纳入生态系统的影响并非难事。他创造性地把经济学中的边际分析法引入到对气候变化问题的研究中。如图 A-2 所示，横轴代表温室气体下降的百分比，纵轴为实际货币值。若任由市场自发运行，从而温室气体不减少，那么对社会的损害为 Z 点的高度值。当社会投入资源以降低温室气体时，边际成本是递增的；但温室效应的边际损害将随着温室气体存量的减少而逐步降低，这可被视为是减排的边际收益。E 点为 MR = MC 的均衡点。此时，社会总成本是区域 B 的面积，社会总收益是区域 B + C 的面积，从而减排将带来区域 C 面积的社会净收益。上述分析思路就是气候变化经济学文献中经常提及的成本—收益分析法的原理。

诺德豪斯面对的困难主要有两个方面。一方面，他需要了解生态系统运行方面的大量知识，并对如何取舍以放入模型系统中做出判断。比如，图 A-2 中温室效应的边际损害曲线，在理论上把它假设为向右下方倾斜，这样做是十分容易的，但具体的下降路径是怎样的，边际损害的具体数值是多少，估算起来却很困难。而且，对于只有自然科学常识基础的人，必须具有敏锐的嗅觉和极高的效率，才不至于淹没在知识的海洋里。另一方面，对动态一般均衡系统的跨期优化方程做数值模拟，当时无论在编程上、算法上还是在硬件设备上，都存在着许多困难。就算以今天的培养方案培养出来的经济学博士，多数在编程上也都是门外汉。一个已过不惑之年的经济学教授，却要去寻找合适的程序并从头开始学习它，这不是谁都能做得到的。

Nordhaus（1991）的竞争对手是 IPCC 于 1990 年发布的第一个气候变化评估报告。与 IPCC 的专家们借助超级计算机来模拟全球系统的变化相比，诺德豪斯用的仅仅是一台芯片为 486 - 66 处理器的普通电脑。然而，诺德豪斯的理论在理念上却更胜一筹。IPCC 仅仅关注纯粹物理世界的变化，忽略了人对经济环境变化的适应能力，这使得 IPCC 的碳减排代价估算结果比诺德豪斯的高出许多。在 2001 年发布的第三个气候变化评估报告中，IPCC 承认了 IAM 模型的优势，并开始在其自己的框架里嵌入更具有微观基础的经济系统模块。

在 Nordhaus（1991）之后，纷纷有其他的研究者跟进。但无论是在经济领域还是在生态领域，现有的知识都还相当有限，但 IAM 却要把它们整合在一起，而过于复杂的系统则更加难以分析研究，所以不同的研究者往往只能选择把一部分因素放到模型系统里。较大的自主选择性使得 IAM 的发展历程呈现出多元化的特征，有的 IAM 侧重于生态系统，有的侧重于经济系统。在此后十几年的时间里，就出现了二十多个不同版本的 IAM 模型，其中较为重要的有 MERGE（Manne, et al., 1995）、DICE（Nordhaus, 1994）、RICE（Nordhaus & Yang, 1996）、FUND（Tol, 1997）、PAGE（Hope, 2006）。在著名的斯特恩报告中那些详细的文字分析背后，其基础性的技术工作就是 PAGE 模型。到了 2001 年，形势的发展还催生出了一个名为 "Integrated Assessment Journal" 的新期刊。这反映出基于 IAM 所做的研究已经形成了一个学科领域。

作为 IAM 的先驱，诺德豪斯并未满足于已取得的成绩，而是在不断地改进自己的工作。在 Nordhaus 的论文 *To Slow or Not to Slow：The Economics of the Greenhouse Effect*（1991）基础上，他先后发展出 DICE 和 RICE 模型。其中，DICE 是将整个世界当作一个整体，对有效的碳减排方案做出判断。RICE 则在接近现实的程度上更进一步，将世界分为十个区域，像美国、中国这样的碳排放大国为一个独立区域，其他区域则包含多个国家。每个区域为一个独立决策的主体，它们在一定的博弈环境下做出选择。基本的博弈环境有三个，即 BAU（即没有碳减排承诺）、非纳什均衡解、完全合作解，分别对应了完全不合作、有限合作、完全合作三种情形。由此计算出相应的碳税和碳排放轨迹，为判断未来的形势提供参考。之后，诺德豪斯继续修改和充实 DICE、RICE 模型，先后推出了 RICE – 1999、DICE – 2007、RICE – 2010 等不同改进版本。最新的 RICE – 2010 在上一版本模型基础上加入了海平面上升的模块。Nordhaus（2010）使用 RICE – 2010 对哥本哈根协议的结果进行预测，结果发现，即使各国完全按照各自所承诺的方式推动碳减排，也不足以达到将全球平均气温的上升控制在 2℃ 以内的既定目标。

从 1991 年到 2011 年，诺德豪斯共发表论文 80 余篇，出版著作 12 部，其中绝大部分都是关于气候变化的。论文所发的期刊了涵盖了 AER、《科学》《美国科学院院刊》这几个不同学科领域里的顶尖学术杂志，而且数量达到了 17 篇之多；其他的一流期刊更是不胜枚举。由于他的杰出学术贡献，诺德豪斯获得了很多荣誉和光环，其中最耀眼的是入选美国国家科学院的院士。2009 年，外界一度风传他是诺贝尔经济学奖的有力竞争者。虽然当年未能获此殊荣，不过在 2018 年，现年 77 岁的诺德豪斯真的迎来了一份来自瑞典的贺礼。

三、学术论争

学术之路无坦途。要做出任何一个创新，都需要克服外人无法想象的困难；不仅如此，对同一个问题，不同的研究者往往有不同的观点，这就必然会发生学术争论。诺德豪斯与 IPCC 在研究方法上的较量是在无声无息中展开的，最终 IPCC 明确声称接纳 IAM 的方法；当然，诺德豪斯自己也在生态系统模块上努力往 IPCC 的方向靠拢。这一经济学与自然科学相结合的发展，可以说不存在输家，是双赢的结果。不过，诺德豪斯撰文参与的另两场争论，则有效地帮助后续研究者避开了学术暗礁。

第一场争论是关于罗马俱乐部对经济增长的悲观看法。早在 1972 年，一本名为《增长的极限》的著作提出了"有限的资源最终会使得经济停滞"这一观点。Nordhaus（1974）给予了间接的反驳。他通过列举科学数据来说明，虽然化石能源储量仅能支持 520 年的使用，但是如果开发利用核能，则以当时的能源消耗量，尚可支撑 530 亿年的使用。这还未包括对太阳能的开发利用。所以，对资源有限性的担忧是不必要的。然而，令诺德豪斯意外的是，罗马俱乐部为纪念《增长的极限》出版 20 周年，于 1992 年出版了《超越极限》，对全球性资源危机再次发出警告。

这次，Nordhaus（1992）深入分析了前后两部著作的技术方法，发现它们所用的模型系统基本上完全相同，只做了微不足道的改变。它们都忽略了技术变化与市场机制这两个因素的作用，而是完全从静态的视角去预测未来。诺德豪斯展示了多种资源的历史实际价格序列，以它们在长期所呈现的下降趋势这一事实来说明，罗马俱乐部的担忧与现实世界的数据并不一致。他进而提及，我们忽略的终极威胁，可能是地球容纳工业废物的容量的有限性，气候变暖、物种消失这一类可再生资源枯竭的信号，才更值得担忧和关注。

第二场是关于碳减排的行动缓急之争。温室效应的全球性意味着一国的碳减排具有很大的正外部性。在分散决策的机制下，这将导致碳减排的力度偏弱。为了有效地遏制气候变暖，就需要一个国际合作框架来协调各国的行动。而国际合作涉及到政治角力，其中的重要问题包括：是各国都以相同的力度减排还是可以区别对待？是一开始就强力减排还是可以逐步加强力度？2006 年的斯特恩报告认为，若推迟减排或减排力度不足，则每年将付出 20% GDP 的巨大代价，因此主张各国立刻采取坚决有力的行动，以降低未来灾难的发生概率。在这一观点下，发达国家与发展中国家被区别对待的程度很小，而且立刻的强力碳减排明显不利于发展中国家的经济追赶。斯特恩报告影响广泛，为欧美政治势力在哥本哈根气候峰会上强压中国起到了理论烘托的作用。

与斯特恩报告相对的另一种观点是气候政策坡道说（Olmstead & Stavins，2006），即近期的减排力度可以相对较小，在中远期再逐步加大减排的力度，而且对发达国家与发展中国家应该区别对待。这一主张是众多不同 IAM 模型得出的大致相同的结论。如果以宏观碳税来代表一国实施碳减排的力度，那么从近期到 2100 年，碳税的数额大致是从每吨碳十几美元上升到一百多美元。不仅诺德豪斯的计算结果是如此，其他研究者的结果也大同小异。而斯特恩报告的碳减排力度则是在近期就要征收大约每吨碳360 美元的碳税（Nordhaus，2007）。既然斯特恩报告也是基于一个 IAM 展开的分析，那么，为什么两者之间的差异会这么大呢？

Nordhaus（2007）、Weitzman（2007）等认为，斯特恩报告的结论建立在不符合经济学传统的参数设定上。经济学文献通常将一年的时间偏好率 ρ 设定在 3%—5% 左右，而斯特恩从不同年代的人应该被平等对待的哲学视角出发，将其设定为 0.1%，这大大强化了人们对未来的重视程度，因而，为了抵消未来的风险，当前所要付出的代价就要大很多。更重要的是，虽然单个参数的取值具有一定的灵活性，但新古典增长模型中的几个参数的取值必须满足跨期优化方程——拉姆齐规则，即：$r = \rho + \sigma g$。其中，r 是净资本报酬率，在美国约为 6%；g 为人均经济增长率，约为 1.3%；σ 为 CRRA 型效用函数里的风险规避参数，取值通常在 1—2 之间。按照斯特恩的设定，$\rho = 0.1\%$，$\sigma = 1$，那么在 $g = 1.3\%$ 的经验事实下，将有资本实际报酬率为 1.4% 的推算结果，这明显与主流的估算结果不相同，或者说拉姆齐规则不成立；如果从 $r = 6\%$ 来推算参数 σ 的值，则 $\sigma \approx 4.5$，这一数值明显高于文献中的常用设定。可见，斯特恩报告的主张所基于的 $\rho = 0.1\%$ 的设定，其合理性并不符合理论文献的传统。

除了上述几个学术观点的交锋之外，在碳减排的机制设计上，诺德豪斯也表达了自己的主张。常见的碳减排手段有三种：行政管制、数量许可证及相应的交易市场、以碳税为代表的价格机制。因行政管制容易引发效率损失，所以一般都不推荐。1997 年的京都议定书采用的是第二种方式。Nordhaus（2006）认为，像京都议定书这样的数量控制型框架避免不了效率欠缺的问题，所以，要达到有效率的结果，还是需要借助价格机制。不过，采用碳税的方案也会带来不少问题。比如，不同国家的碳税水平是否应相同？若要求相同，则发展中国家难以接受；若允许有差异，则差异为多少？差异的动态调整怎么进行？这些在政治上都很难达成一致。所以，这个方面的争执还有待于更深入的研究。

四、小结

于成功时坦然转型，并转型成功，是诺德豪斯最与众不同之处。他26岁就获得博士学位和美国名校的教职，32岁成为教授，在宏观经济学领域崭露头角。在取得这样令人艳羡的成绩时，他开始关注资源经济学。在随后几年中逐渐产生了认识上的转变，越来越关注碳排放和气候变化议题。年过不惑之后，诺德豪斯在主流经济学领域已收获颇丰，却开始艰难地转向气候变化经济学。经过9年之久的相对沉寂期，他终于开创性地构建出气候变化综合评估模型（IAM）。这个分析框架迅速成为从经济学角度分析气候变化的主流工具，甚至被本来专注于自然科学领域的IPCC也逐步吸收。1991年后，其他的研究者也相继构造出众多不同的IAM模型，使得IAM渐渐呈现出成为一个学科分支的趋势。不过，诺德豪斯的DICE模型和RICE模型始终是IAM中最有竞争力的两个模型。哥本哈根气候峰会结束不到两个月的时间，他就用RICE－2010对这次峰会协议做出了学术性判断。

如今，任何一个尝试在气候变化经济学领域耕耘的研究者，都无法忽略诺德豪斯的论文和著作。他观察问题的视角、构建的模型、所用的数据、编写的程序、近30年的长期坚持，甚至他那委婉、中肯的行文风格，对后来的人而言都是不可多得的财富。至于诺贝尔经济学奖"花落"诺德豪斯，那确实只是时间的问题——2018年才授予给他，并不算早。

说明：本文主要内容来源于向国成、李宾、田银华合作发表在《经济学动态》2011年第4期的《威廉·诺德豪斯与气候变化经济学——潜在诺贝尔经济学奖得主学术贡献评介系列》一文。

C目录
ontents

代序　威廉·诺德豪斯与气候变化经济学 ················· 001

第一章　气候变化背景 ······························· 001

第一节　观察到的事实 ····························· 002

一、地表气温 ································· 002

二、降水 ··································· 004

三、冰雪 ··································· 005

第二节　气候变化的原因 ························· 009

第三节　对未来的预测 ························· 012

第二章　气候变化经济学的渊源 ···················· 015

第一节　有限的资源会导致经济增长停滞吗？ ········· 016

第二节　环境库兹涅兹曲线（EKC） ··············· 018

第三节　气候变化与碳减排 ······················ 022

一、可再生资源的危机 ······················· 023

二、主流分析工具：气候变化综合评估模型（IAM） ········· 025

三、碳减排行动的缓急之争 ··················· 028

四、碳减排的措施选择及制度安排 ··············· 029

第四节　小结 ······························· 031

第三章 气候变化综合评估模型概述 ⋯⋯⋯⋯⋯⋯⋯⋯ 033

第一节 气候变化综合评估模型的发端 ⋯⋯⋯⋯⋯⋯⋯ 033

第二节 政策评价模型与政策优化模型 ⋯⋯⋯⋯⋯⋯⋯ 035

第三节 小结 ⋯⋯⋯⋯⋯⋯⋯⋯⋯⋯⋯⋯⋯⋯⋯⋯⋯ 040

第四章 对化石能源消耗量呈现增长趋势的分析 ⋯⋯⋯⋯ 041

第一节 化石燃料消耗的数量特征 ⋯⋯⋯⋯⋯⋯⋯⋯⋯ 042

第二节 资源抽取之谜 ⋯⋯⋯⋯⋯⋯⋯⋯⋯⋯⋯⋯⋯ 045

第三节 几个潜在的解释思路 ⋯⋯⋯⋯⋯⋯⋯⋯⋯⋯⋯ 047

    一、资源节约型技术进步 ⋯⋯⋯⋯⋯⋯⋯⋯⋯⋯⋯ 048

    二、把自然资源变为资本品 ⋯⋯⋯⋯⋯⋯⋯⋯⋯⋯ 049

    三、引致创新 ⋯⋯⋯⋯⋯⋯⋯⋯⋯⋯⋯⋯⋯⋯⋯ 049

第四节 化石能源使用量呈现上升趋势的原因分析 ⋯⋯⋯ 051

    一、最终品厂商 ⋯⋯⋯⋯⋯⋯⋯⋯⋯⋯⋯⋯⋯⋯ 054

    二、资源供应商 ⋯⋯⋯⋯⋯⋯⋯⋯⋯⋯⋯⋯⋯⋯ 054

    三、家户 ⋯⋯⋯⋯⋯⋯⋯⋯⋯⋯⋯⋯⋯⋯⋯⋯⋯ 055

    四、均衡 ⋯⋯⋯⋯⋯⋯⋯⋯⋯⋯⋯⋯⋯⋯⋯⋯⋯ 055

    五、平衡增长路径（BGP） ⋯⋯⋯⋯⋯⋯⋯⋯⋯⋯ 056

第五节 模型拓展 ⋯⋯⋯⋯⋯⋯⋯⋯⋯⋯⋯⋯⋯⋯⋯ 057

    一、结合要素配置与资源储量约束的模型拓展 ⋯⋯⋯ 057

    二、资源厂商为垄断的情形 ⋯⋯⋯⋯⋯⋯⋯⋯⋯⋯ 058

    三、其他考虑 ⋯⋯⋯⋯⋯⋯⋯⋯⋯⋯⋯⋯⋯⋯⋯ 059

第六节 本章小结 ⋯⋯⋯⋯⋯⋯⋯⋯⋯⋯⋯⋯⋯⋯⋯ 060

第五章 全球最优碳税的一个定量估算 ⋯⋯⋯⋯⋯⋯⋯ 062

第一节 最优碳税的由来与意义 ⋯⋯⋯⋯⋯⋯⋯⋯⋯⋯ 062

第二节 DICE-E 模型 ⋯⋯⋯⋯⋯⋯⋯⋯⋯⋯⋯⋯⋯ 066

    一、经济系统模块 ⋯⋯⋯⋯⋯⋯⋯⋯⋯⋯⋯⋯⋯⋯ 066

    二、气候变化模块 ⋯⋯⋯⋯⋯⋯⋯⋯⋯⋯⋯⋯⋯⋯ 069

　　三、碳减排 ·· 071

　第三节　参数与初始值的确定 ································ 071

　第四节　全球最优碳税的估算结果与分析 ·················· 076

　　一、数值计算结果 ·· 076

　　二、DICE-E 与 DICE-2013R 模型的对比分析 ·············· 079

　第五节　本章小结 ·· 081

第六章　碳排放形势的国际比较 ··························· 083

　第一节　现实背景 ·· 084

　第二节　碳排放库兹涅兹曲线 ································ 084

　第三节　人均碳排放拐点的定量分析 ························ 088

　　一、描述性统计 ·· 089

　　二、回归分析 ·· 092

　第四节　本章小结 ·· 093

第七章　我国碳减排的定量评估——分区域的 IAM 应用 ····· 094

　第一节　文献背景 ·· 094

　第二节　RICE-E 模型 ······································ 097

　　一、经济系统模块 ·· 097

　　二、气候变化模块 ·· 100

　　三、碳减排 ·· 101

　第三节　数据来源与参数校准 ································ 102

　　一、初始人口、GDP、化石能源消耗量 ···················· 103

　　二、初始资本存量 ·· 103

　　三、要素产出弹性 ·· 104

　　四、初始储蓄率 ·· 105

　　五、折旧率 ·· 105

　　六、气候变化的损害系数 ·································· 106

　第四节　对模型的数值求解与分析 ·························· 107

一、我国的碳减排幅度与碳税水平 ·················· 107

二、主要气候变量与经济变量 ······················ 109

三、不同区域碳减排幅度的对比 ···················· 111

四、我国的碳排放量与碳排放强度 ·················· 112

第五节　本章小结 ································ 113

第八章　碳排放与产业结构变迁——分行业的 IAM 应用 ······ 115

第一节　文献背景 ································ 115

第二节　模型与参数 ······························ 118

一、RICE-2010 的模型结构 ······················ 119

二、参数与初始值 ······························ 120

第三节　计算结果展示与分析 ······················ 124

一、碳减排压力 ································ 125

二、各行业的累积碳排放量 ······················ 126

三、碳排放拐点与产业结构 ······················ 127

第四节　本章小结 ································ 128

第九章　碳减排历史责任原则的再思索 ·············· 129

第一节　京都议定书与历史责任原则 ················ 130

第二节　历史碳排放与历史责任 ···················· 133

第三节　预测未来碳排放的 RICE-2010 模型 ·········· 137

第四节　对历史责任的观察与分析 ·················· 143

第五节　碳税减排建议 ···························· 145

参考文献 ······································ 148

索引 ·· 163

附录 A　第五章 DICE-E 所用程序代码 ············ 165

附录 B　RICE-2010 模型的程序运行指南 ·········· 178

第一章

气候变化背景

近年来，人们时常听闻一些有关气候变化和全球变暖的消息。各类网站、电视或报纸上不时出现某些特别的场景，比如每隔几年就发生一次的厄尔尼诺现象①，冰川的消融与萎缩②以及在困境中挣扎的北极熊——它们代表着许多物种正面临着种群层面的生存危机，等等。那么，这些现象是独立发生的吗？还是在某种程度上存在着某种联系？在这些消息背后，是否存在着一个共同的原因？这个原因是全球变暖吗？如果没看到证据，一个人不大能够轻易相信气候变化正在发生，而且其发生的原因主要在于我们人类的活动。

这里首先介绍与气候变化相关的一些重要证据。这些证据主要摘录于联合国政府间气候变化专门委员会（Inter-governmental Panel on Climate Change，以下简写为 IPCC）的报告。它们构成本书的研究背

---

① 厄尔尼诺（El Niño）是西班牙语，又称"圣婴现象"，是秘鲁、厄瓜多尔一带的渔民用以称呼一种异常气候现象的名词。正常情况下，热带太平洋区域的季风洋流是从美洲走向亚洲，使太平洋表面保持温暖，给印尼周围带来热带降雨。但这种模式每 2–7 年被打乱一次，使风向和洋流发生逆转，太平洋表层的热流就转而向东走向美洲，随之便带走了热带降雨，使地球出现大面积干旱。亦即，厄尔尼诺现象使整个世界的常规气候模式发生变化，造成一些地区干旱而另一些地区降雨量过多。其出现频率并不规则，但平均约每 4 年发生一次。

② 根据中国气象局的报道，科学家发现南极冰川融化加速。在南极半岛南部，有 750 公里的海岸线毗邻阿蒙森海。在 2009 年之前，这里并没有出现明显的冰川融化迹象，但从 2009 年开始，至少有 9 个冰川开始变小。目前，其中一些冰川每年缩小幅度达到 4 米。与南极半岛冰川相邻的是松岛冰川，每年消融幅度也超过 1 米。研究人员估计，2009 年—2014 年，南极半岛南部已经向海洋输入 300 万亿公升的融水。如果这些正在变小的冰川全部融化，海平面将增加 35 厘米。

景；从反面看，如果全球变暖并未发生，那么进行相关的研究就不是必要的了。

本章的结构如下。首先，从各个方面展示气候变化的原因，比如全球气温、降水。其次，介绍人们对这些现象发生原因的探索；它们是源自于自然界的变化，还是由于人为活动的影响？再次，简要地提及研究人员对未来的预测。最后，为了对这些证据的可靠性有更好的理解，我们来了解一番 IPCC 报告的形成机制。

第一节　观察到的事实[①]

一、地表气温

图 1-1 是人们观测到的 1850—2012 年的全球平均地表温度。经过计算，研究人员发现，从 1986 年到 2005 年，平均地表温度为 14.478℃。图 1-1 的数字标识，是以 14.478℃为基准，显示各个年份的平均温度与这一数值相差多少[②]。图 1-1 纵轴所显示的 0.6、-0.2 就是代表某年全球地表气温偏离 14.478℃的幅度。比如，0.6 代表该年平均气温为 15.078℃，-0.2 则表示 14.278℃。

从图 1-1 能看出什么？从直观上看，该图显示出两个不同特性的阶段。在第一次世界大战之前，全球气温并没有呈现出显而易见的趋势性。全球年均气温大致以 13.8℃为均值而上下波动。然而，自此以后，全球气温表现出明显的上升趋势；地表气温均值从之前的 13.8℃提高到了 14.6℃；在百年时间跨度中，累计上升约 0.8℃。图 1-1 的上半图为年度

---

① 图 1-1 至图 1-7 摘自于 IPCC 第五次报告《自然科学基础》的《决策者参考》。在 IPCC 所收集的证据中，这些图所展示的是主要的观察事实。
② 若使用单一年份的气温作为基准，则显得随机性较大。这种随机性既来自于某个年份的特殊性，也来自于全球各测量站多个方面的差异性。以某一段时期的平均值作为基准，可以降低随机性。

平均气温；下半图是以一个线段来展示每十年（比如 2000—2009 年）的平均气温，这是从更宏观的视角来观察全球气温的变化。从下半图，可以更清楚地看到气温上升的趋势。从一战到 20 世纪 60 年代，气温上升了约 0.3℃；而在最近的半个世纪，上升幅度约为 0.5℃。

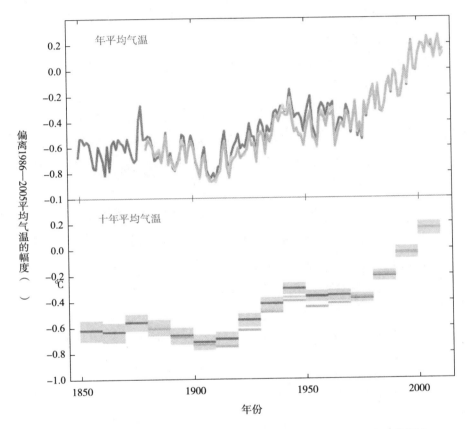

图 1 - 1　1850—2012 年全球地表气温偏离 1986—2005 年平均水平的幅度

资料来源：IPCC AR5（2013）《自然科学基础》的《决策者参考》

说明：1986—2005 年全球平均地表气温约为 14.478℃。

图 1 - 1 清晰地表明，在百年的时间跨度上，我们的地球正在变暖。而且粗略地看，全球变暖呈现出微弱地加速的迹象。也许有人觉得，仅仅上升了 0.8℃，幅度很小，不算什么。对此，可以从三个方面来说明。

第一个方面是个人感受。在最近的十年当中，本人所处的湖南省湘潭市的夏天变得越来越热。白天，尤其是中午到下午的时间段，由于气温太高，人们往往不愿意出门。而在30多年前的20世纪80年代，虽然没有空调，那时的夏天并未给人难以忍受的感觉。从图1-1看，当时的全球平均气温相比21世纪第一个十年的，仅仅相差0.3℃。这么小的平均气温差异，在个人感受里却相差较大。

第二个方面是气温变化分布的差异性。就日常生活经验而言，在某个平均气温下，不同地方的升高幅度也往往不同。城市中心区的热度更高一些，而山区则凉快一点。即便在城区，高楼林立的中心区也会让人感觉更热，而公园则稍许凉爽。因此，即便平均气温升幅仅仅为0.8℃，全球变暖也并不是均匀分布的。根据研究报告，热带和高纬度陆地比其他区域变暖的幅度更大；海洋变暖的幅度总体上小于陆地的；在北半球，1983—2012年可能是过去1400年来气温最高的30年。对于我们所关注的中国，百年之间平均气温的上升幅度略高于1℃。也就是说，虽然全球平均的地表气温只是上升了0.8℃，然而，人们所经历的实际气温变化却往往高于它，尤其是在人口稠密地区。

第三个方面是一个数字。我们知道，地球在40多亿年的演变过程中，存在着多个冰川期和间冰期。冰川期是指地球表面覆盖有大规模冰川的地质时期。两个冰川期之间相对温暖的时期，则为间冰期。从以上的描述中可以得知，冰川期应该比现在要寒冷。但是，到底寒冷多少摄氏度呢？研究表明，上一个冰川期的全球平均气温，只比现在低了4℃到5℃。地球经历了数千万年，气温才上升了4℃到5℃，而在工业文明发展的这最近一百年，全球气温就上升了接近1℃。这说明了什么？相对于漫长的地质年代，如此短的时期内的温度变化如此之小，是否就可以忽略不计呢？

二、降水

除了气温这一最直接的证据，气候变化的发生还有其他方面的证据。

其中，受温度影响最明显的就是水——不管是液态的降水，还是固态的冰。研究报告展示了全球 2010 年相对于 1901 年的平均年降水量变化。研究发现，全球的降水分布变得没有那么平均了，或者说，规律性变得更混杂乱。有些区域的降水比以前更多，而有些区域却更少。比如，北半球中纬度的降水就有所增加。在极端情况下，地球上可能同时出现洪灾和旱灾两种极端天气。全球的水循环变得更加不规则了。

三、冰雪

图 1-2 展示的是北半球在春季（3—4 月）的平均冰雪覆盖面积。从图 1-2 可以看到，存在两个稍有不同的阶段，大致以 1990 年为界。1990 年之前，北半球的平均冰雪覆盖范围约为 3700 万平方公里，而 1990 年之后的平均面积仅为约 3500 万，减少了 200 万平方公里，大约相当于中国六个省区的面积。这个小数目可以忽略吗？

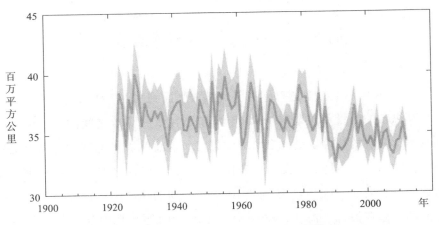

图 1-2 北半球在春季（3—4 月）的平均冰雪覆盖面积

资料来源：同图 1-1。

图 1-3 展示了北冰洋的夏季（7—9 月）平均海冰范围。图 1-3 显示出一个明显的下降趋势。1900—1950 年，夏季的平均海冰面积略高于 1000 万平方公里；从 1960 年开始，这一面积逐渐缩小，到近年已经减少到不足 600 万平方公里的水平。新闻资料里时不时出现的受困的北极熊，最能体

现出气候变化对海冰面积大小的影响。夏季对于北极熊而言是个艰难的时期；由于许多海冰变成了海水，北极熊为了寻找食物，需要游泳的距离越来越长。当北冰洋的夏季海冰面积越来越小时，北极熊的生存数量注定将会下降。也许有人会问，我们为什么需要关心北极熊呢？我们关注北极熊，不完全是因为它的可爱，更重要的是，它们易于观察；它们的生存条件的恶化，是所有受到气候变化影响的物种的代表。

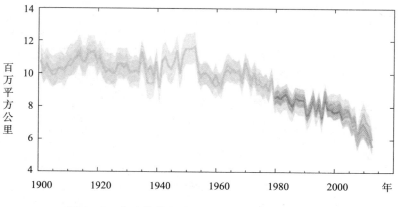

图1-3　北冰洋的夏季（7—9月）平均海冰范围

资料来源：同图1-1。

　　图1-4展示的是全球海洋上层（从海平面到水下700米）的平均热容量。其纵轴的度量单位是与1970年海洋热容量测算值之间的差。可以看到，海洋上层的热容量呈一个增加的趋势。这意味着，地球的海洋上层变热了。实际上，与地表气温的上升相比，海洋的变暖才是气候系统中热能增加的主要去处。从1971年到2010年所增加的热能中，百分之九十多的热能都储存在海洋。海洋的变暖会带来不少问题。其中令人关注的一点是，二氧化碳作为主要的温室气体，是能够溶于水的。水的温度越低，二氧化碳越容易溶解进去；海水温度升高，意味着二氧化碳将越来越难以溶解于海洋，从而更多地留存于大气中，温室效应将更强，未来全球变暖的形势也将变得更为严峻。

（10²²J）

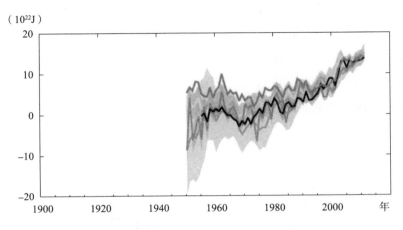

图 1－4　全球海洋上层的平均热容量

说明：海洋上层是指从海平面到海平面以下 700 米。

资料来源：同图 1－1。

图 1－5 展示了全球平均海平面高度，从中可以看到一个显而易见的上升趋势。从 1901 年到 2010 年，全球平均海平面上升了大约 20 厘米。在百余年时间跨度上的这一上升速率，超过了过去 200 万年的平均速率。

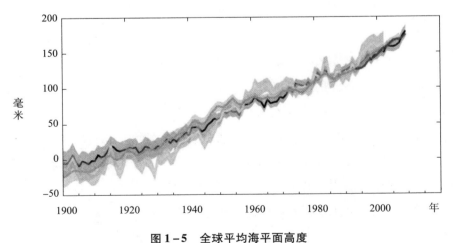

图 1－5　全球平均海平面高度

资料来源：同图 1－1。

图 1－6 展示的是留存于大气中的二氧化碳（CO_2）的浓度。所用的度量单位 ppm 是一个密度的概念，即每 100 万个空气分子中有多少个二氧化

碳的分子。可注意到，这不是关于二氧化碳的排放量，而是一个存量，即大气中存留了多少二氧化碳。实际上，以二氧化碳为代表的温室气体含量在过去的80万年里升高到了前所未有的水平。与工业时代之前相比，二氧化碳浓度提高了40%。这首先是因为化石燃料的燃烧所引起的，其次的原因是土地利用的变化（比如植被的改变）。

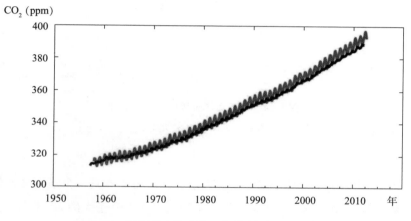

图1-6　留存于大气中的二氧化碳（CO_2）浓度

资料来源：同图1-1。

作为一种气体，二氧化碳主要留存于大气中；其次，它还可以溶解于水。研究发现，在由人类活动所产生的二氧化碳中，有大约30%被海洋吸收了。这导致了海洋的酸化。图1-7显示了海洋表层的二氧化碳含量和海水的 pH 值。其中，pH 值是对水的酸性的一个度量。从图1-7可以看到，与海洋所含二氧化碳数量不断增加（由蓝色线条显示）相对应的是，海水的 pH 值（绿色线条显示）呈现下降的趋势。pH 值越低，意味着海水越酸。这意味着，海洋正处于一个酸化进程之中。海洋的酸化会对海洋生物产生哪些影响，尚不得而知；但是，粗略地看，它将改变海洋生物所处的熟悉环境，所以对很多生物而言不会是一个好消息。

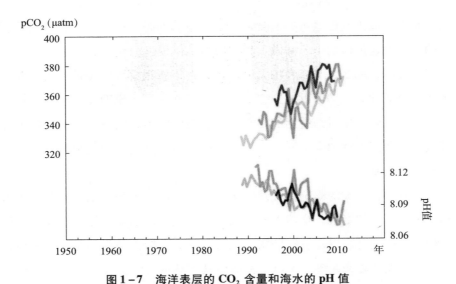

图 1-7　海洋表层的 CO_2 含量和海水的 pH 值

资料来源：同图 1-1。

第二节　气候变化的原因

　　上面显示的各方面证据显示，全球变暖是一个不争的事实。接下来的问题是，这个事实背后的原因是什么？是由于自然界自身的变化，还是源于人类的活动？许多研究者为回答这一问题付出了艰苦的努力。一个概括性的判断是，人类对气候系统的影响是显而易见的。我们所观察到的变暖、大气中温室气体浓度的上升以及我们对气候系统的理解，都在支持这一判断。

　　从更科学的角度说，研究者们是借助气候模型来做出这一判断的。模型是对现实世界的抽象与简化，不需要捕捉现实世界的全部细节。气候模型的重点是给出气象方面的模拟结果。如果某个模型能够拟合出较长时段上的地球气象特征，那么，用它来模拟近百年的气象特征，是不是具有可靠性呢？这就是研究者们的思路。气候模型在经历多年的发展后，已经可以重现大洲级别的地表温度的历史轨迹。问题在于，如果不包含人类的活动，是否可以再现近些年的变暖现象呢？遗憾的是，研究表明，答案是否定的，即使连近似的拟合都做不到。假如气候模型只包含自然界自身的各种变化过程，那么，研究者将无法复制近百年所观察到的全球变暖。而当加入人类活动后，却可以做到这一点。鉴于这些气候模型在再现以往成千上万年的气候变化时是适用的，它们甚至能模拟出火山爆发后对气候的冷却效应，所以这种拟合上的差异强有力地支持了人类活动是近百年中全球变暖主因的判断。

实际上，人类的影响在气候变化的多个方面都能观测到。这些方面包括大气和海洋的变暖、全球水循环模式的改变、冰雪覆盖面的减少、全球平均海平面的升高以及一些极端的气象事件。支持人类活动是主因的证据在近几年变得越来越多。所以，目前已基本达成一个共识：人类的影响是20世纪中期以来所观察到的全球变暖的主导性因素。

接下来的问题是，人类活动是怎么影响气候系统的呢？气候模型仅仅识别了人类活动与气候变化之间的关联性；但是两者之间是如何关联的，则需要首先来了解一下温室效应。

温室效应（Greenhouse Effect），又称"花房效应"，是大气保温效应的俗称。它是指源自一个行星表面的热辐射被大气中温室气体吸收并向所有方向再辐射的过程。就像在生活中，即使我们没接触到别人，有时也能间接感受到其他人的体温一样，几乎所有的物体都在向外发散热能。地球也是如此。温室效应是专指由所有行星发散出去的热辐射，而不是仅仅局限于地球一个行星。

图1-8显示了温室效应的能量交换过程。太阳的辐射以可见光的频率（短波辐射）到达地球。这些可见光中的大部分能穿过地球的大气层，加热地球表面。地球获得热能后，再以较低频率的红外辐射往外发散热能（长波热辐射）。诸如二氧化碳之类的温室气体，均具有吸收红外辐射的特征。当地球大气吸收了大部分的地球红外辐射后，变热了的大气也会向外发散热能。由于气体分子悬浮在空中，所以它们的热辐射是朝所有方向发散的。当一部分热能消散于外太空时，有不小比例的热能被重新反射回了地球表面和较低的大气层，这就使得地表的平均温度要比没有温室气体的

情况下要更高。这个机制看起来类似于用玻璃房栽培植物的做法：太阳光可以透过玻璃，加热玻璃房内部；但是热能却因玻璃的阻隔而难以散发出去，故名温室效应。然而实际上，两者的发生机制有所区别。玻璃房的温室是通过阻隔空气流动来实现的，而大气层的温室效应并未限制空气的对流。

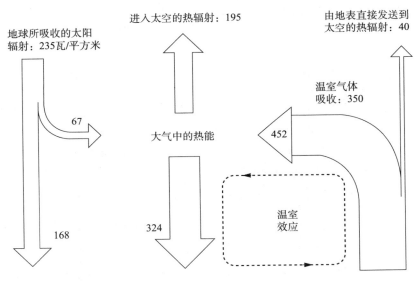

图 1-8　温室效应示意图

资料来源：Global Warming Art Project（Robert A. Rohde，2007）

不妨做一个假设。假设地球是一个完美导热的黑色天体，没有大气层，那么，太阳的照射会使得这个天体的温度达到5.3℃。然而，地球会反射大约30%的太阳光。如果让这个黑色天体也做到这点的话，那么，它的温度将是零下18℃。而我们真实的地球表面温度是大约14℃。两者之间所相差的大约33℃，这就是地球大气层的温室效应起作用的结果。

需要说明的是，温室效应只是一个客观的自然过程。这并不意味着温室效应就是不好的。实际上，正是地球的温室效应，才使得生命在这个星球上的出现成为可能。然而另一方面，由化石燃料燃烧和森林砍伐为载体的人类活动强化了自然界的温室效应，造成了全球变暖，临近地球的金星就存在着非常强烈的温室效应。在那里，是不适合类似人类这样的生命存在的。这可视为是温室效应一步步强化后的远期图景。从这个角度看，我们必须保证温室效应不能越来越强；至少，我们应采取某些行动，来延缓温室效应逐步强化的速度。

第三节　对未来的预测

综合各种研究，IPCC 给出了对 21 世纪末气候变化形势的预测。

首要的一点是，全球地表温度的升高幅度将有可能超过 2℃。不过，这一进程不是均匀地发生的，在不同年份上或者在不同的十年区间上，变暖的幅度会有一定的差异，而且在区域分布上也存在差异性。与之相对应的是，全球水循环会进一步改变。干旱和湿润地区的降水以及旱季和雨季的降水，它们之间的差异将更为明显；当然，也不排除有例外情况。在整个 21 世纪，海洋将持续变暖。热量从海洋表层往深海渗透，并影响洋流。北极的海冰覆盖范围持续缩小、变薄，北半球在春季的冰雪覆盖面积减少，全球冰川进一步萎缩。由于海洋变暖以及越来越多的冰脱离冰川或冰盖，海平面将不仅持续升高，而且升高的速度有可能超过 1971—2010 年观察到的速度。此外，气候变化将影响全球碳循环，越来越大比例的二氧化碳将带留在大气中，而海洋对二氧化碳的吸收将进一步加剧海洋酸化。

总的来看，温室气体的持续排放将导致地球进一步变暖，气候系统各个方面的改变将进一步扩大。而且，由于决定全球平均地表温度的是二氧化碳的累积量，而不是当年排放的二氧化碳，所以，气候变化的各个方面将是持续发生的。即使温室气体的排放立即停止，地球变暖的持续时间也可能长达几个世纪。为了预防未来形势的过度恶化，人类必须在温室气体减排上做出长期的承诺和不懈的努力。

第四节　关于 IPCC

上述气候变化的背景资料主要来自于 IPCC 的第五次报告。IPCC 是一个国际机构组织；了解它的使命以及运作方式，有助于我们把握上述背景资料的可靠性。

IPCC 的中文全称是联合国政府间气候变化专门委员会。它是设在联合国的一个科研机构，成立于 1988 年。当时，它由世界气象组织（the World Meteorological Organization，缩写为 WMO）和联合国环境规划署（the United Nations Environment Programme，缩写为 UNEP）联合筹建；不久之后，即获联合国大会批准。

IPCC 在做什么事情呢？每隔 5 - 6 年，IPCC 会提供一份报告，概述全球在气候变化领域的研究进展。发布报告就是 IPCC 的主要工作内容。IPCC 报告展示的是科学的、技术的和社会经济的信息。它帮助我们理解由人类活动所引发的气候变化风险的科学基础、潜在影响以及在适应和减排上的选择。

在 2013—2014 年，IPCC 发布了第五份报告。该报告的总容量达到了大约 4000 页！如此巨大的容量，对于普通人而言是很难消化的。所以，IPCC 的报告里包含了一份《综合报告》（Synthesis Report），篇幅只有几十页。想对气候变化各个方面进行了解的人，看这份《综合报告》就可以了。除此之外，IPCC 的报告还从自然科学基础、减排、适应三个方面分别给出一份工作组报告。每份工作组报告的前面都有一章，名为《决策者参考》。它可帮助读者快速了解子报告的主要内容。前文所介绍的背景资料，就是来自于 IPCC 第五次报告《自然科学基础》的《决策者参考》。

IPCC 为什么要提供报告呢？IPCC 的报告是为联合国气候框架公约（the United Nations Framework Convention on Climate Change，简写为 UNFCCC）服务的。UNFCCC 是国际社会在气候变化方面的主要协定；它的最终目标是把大气中的温室气体含量稳定在某个水平上，从而不需要对气候系统进行危险的人工干预。在此公约下，国际社会需要了解气候变化的最新形势。IPCC 的工作就是提供这方面的信息。

IPCC 是如何开展工作的呢？需要特别注意的是，IPCC 并不进行原创性的研究，它也不会对气候现象进行观察。它只是根据已经发表的文献作出自己的判断和评估。换句话说，IPCC 报告就像是一个超级大的文献综述。即便如此，也有数以千计的科学家和其他专家在为 IPCC 报告而努力工作。这些科学家和专家是在自愿的基础上，致力于报告的写作或者对报告内容进行评价。他们并不从 IPCC 那里获得薪水。当报告初步成型后，会送交各国政府审阅。其中，《综合报告》更是由联合国气候框架公约的所有参与国（有 120 多个国家或地区）逐行逐句地审阅和批准。

IPCC 已成为国际公认的气候变化领域的权威。它的报告既包含了顶尖气候科学家们的共识，也获得了 UNFCCC 参与国政府的认可。要做到这两个方面中的任何一个，其实都是非常困难的；而 IPCC 却同时都做到了这两点。究其原因，主要还是气候变化议题太过重要，于是人们都希望找到一个共同认可的方式，来表达相关的判断或意见。

第二章

气候变化经济学的渊源

　　全球平均气温的上升，不仅是一个观测到的事实，而且发生在仅仅百余年的时间跨度上。从地质年代的角度看，这个时间跨度犹如白驹过隙。辅以各个方面的深入研究，人们才判断出，是人类的活动导致了近期的全球变暖。IPCC 的报告是一个庞大的综述。它详细介绍了有关气候变化的各个方面的研究。其中，仅仅是为了获得全球平均气温这个数值的估计，其难度远超出普通人的想象。从 19 世纪到 20 世纪 80 年代，历经百余年的争执，才形成一个共同认可的科学方式来获得全球平均气温的估计值。在其他方面，对冰川、陆地冰雪、海洋环流等的研究，气候变化对居民生活和各行业的影响研究，人们潜在的适应方式的研究，在 IPCC 报告的各个部分都有详尽的综述。这里并无必要展开介绍。本书的着眼点，是从经济学的角度展开对气候变化的研究。在 IPCC 的报告里，这只是一个很小的领域，但其重要性却不容低估。也许是由于 IPCC 报告的写作者们主要来自于自然科学领域，所以在其报告里并未体现出对气候变化经济学的足够重视。然而，由于气候变化经济学考虑了气候变化与人类活动的双向影响，所以在判断温室气体排放的拐点上，气候变化经济学比自然科学领域所用的方法更具优势。

　　基于经济学角度对气候变化展开的研究，经历了数十年的发展变迁过程。

　　这个过程的一个自然起点，是人们担心某些资源将会枯竭。那些需要经由开采才可使用且无法自然再生的资源，比如金属矿产、钻石、和田玉，都具有这种可耗竭的特征。鉴于地球只有这么大，开采一点就少一点，所以它们迟早有消耗殆尽的一天。届时，以它们作为原料投入的经济系统将何以为继？正是这种担心，才有了罗马俱乐部"增长的极限"的悲观论调（Meadows, et al., 1972）。20世纪70年代的石油危机似乎提供了强有力的印证。油价的暴涨被视为资源日益稀缺的信号。这种忧虑触发了许多后续研究，推动了资源经济学、环境经济学乃至气候变化经济学的发展。

在这一发展历程中，人们经历了认识上的转变过程。早年是对石油、矿产这些不可再生资源的有限储量感到担忧，如今，人们渐渐认识到，自然生态系统容纳和消化污染排放这类经济活动副产品的能力，是一种可再生资源。由二氧化碳排放所引起的气候变化问题，表明这一特殊的可再生资源正在经历着衰减的过程。本章对贯穿上述认识转变过程的经济学研究进行综述，对研究碳减排的主要分析工具——气候变化综合评估模型——以及前沿领域的现状加以简要介绍。

第一节　有限的资源会导致经济增长停滞吗？

我们生活在一个有限的世界。我们所使用的资源种类是有限的，每一种资源的数量也是有限的。有限的资源会阻碍生活水平的提高吗？如果现在一单位的消费需要耗费一些资源，那么，当时间推至无穷远，未来的人们是否还有足够的资源来支撑他们的消费与生活呢？这一联想容易导致人们对经济前景的悲观看法。20世纪60年代末成立的罗马俱乐部就认为，人类将进入经济停滞的时代。这一观点倒是与早年马尔萨斯的人口危机论殊途同归。

近四十年的现实情况是，世界的经济没有出现停滞，而是继续增长。而且，作为资源稀缺信号的资源价格，特别是我们所关注的碳基能源——石油、煤炭，并未呈现出一个持续上升的过程。图2-1和图2-2是分别摘自 Nordhaus（1992）和 Popp（2002）的能源实际价格指数。两位研究者的计算结果反映出一个共同的特征，即资源的实际价格在经过一段时间的上升后，又转为一段时间的持续下降；甚至在较长的历史时段上，资源价格的大趋势实际上是在下降，而不是人们直觉中的上升。

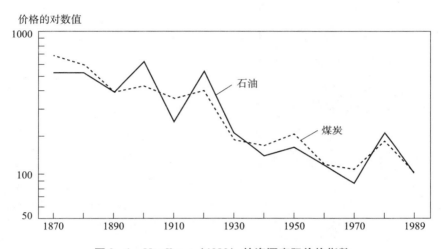

图 2 - 1　Nordhaus（1992）的资源实际价格指数

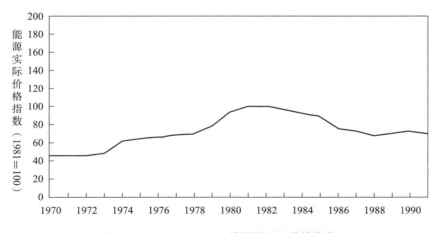

图 2 - 2　Popp（2002）的能源实际价格指数

那么，是什么原因使得经济系统没有受到资源日益枯竭的限制呢？Hartwick（1977）认为，只要把从不可再生资源获得的收益投资为可重复使用的资本品，那么，即便未来资源枯竭，后代也可借助资本品来维持人均消费水平的不变。这一解释思路以代际公平为着眼点，排除了经济倒退的可能性，不过它并没有说明经济系统是如何突破资源有限性的束缚而实现增长的。另一个解释思路源自早年希克斯的引致创新（Induced Innovation）假说，即：当某种投入的价格上升时，企业将通过技术开发寻找替代投入，从而降低对原来投入品的需求。其中，价格与技术进步是两个相辅相成的环节。市场价格反映出资源的稀缺程度，技术开发则降低经济系统对原有投入品的依赖。

在由资源枯竭的担忧所引发的许多研究中，"引致创新说"渐成主流观点，实证文献也提供了支持性的证据（Newell, et al. , 1999）。罗马俱乐部的分析报告之所以得出增长停滞的悲观结论，恰恰是因为把技术变化的环节抽象掉了，它是从技术不变的视角去预测未来（Nordhaus, 1992）。然而，资源的有限储量只是资源拖累经济增长的一个潜在方面；另一个潜在方面则表现在：不可再生资源在使用过程中常常产生环境污染，而治理污染需要从产出中耗费一部分，这能否构成资源制约经济增长的另一个渠道呢？

第二节　环境库兹涅兹曲线　（EKC）

要探讨环境污染与经济增长之间的关系，首先需观察两者之间的经验事实。Grossman & Krueger（1995）等文献发现，人均污染排放量将随着人均收入的提高而呈现出一个先上升后下降的过程。由于这一经验特征与早年的库兹涅兹曲线（Kuznets Curve；收入差距与人均收入之间呈倒"U"型关系）很接近，所以被称为环境库兹涅兹曲线（Environmental Kuznets Curve，简称 EKC）。在 Grossman & Krueger（1995）的测算中，EKC 的拐点会随着污染排放物的不同而有所变化，不过大多在人均收入 8000 美元（1985 年价格）的附近。EKC 假说的提出引发了大量的后续研究。在经验层面，大家关注的问题主要是它的稳健性；在理论层面，关注的则是 EKC 的形成机制。

一、EKC 的经验关系是否稳健成立？

对于 EKC 假说的稳健性，文献中是存在争议的。这种争议大致针对四个问题。

第一，这一判断的得出是否受计量模型设定的影响？如果变换模型的设定条件，是否会得出不同的结论？Harbaugh 等（2002）使用了与 Grossman & Krueger（1995）相同的数据来源和已经更新、修正了的数据。通过变更计量模型的设定形式，它重新观察了几种重要气体污染物的情况，发现 EKC 假说并不像它看起来那么稳健。

第二，数据的可比性问题。在对面板数据进行实证分析时，不同国家的污染排放数据并不一定是根据相同的标准采集而得来的。这会令人怀疑计量回归的结果。相对而言，一国国内的排放数据更容易基于相同的收集标准。为此，Carson 等（1997）借助美国 50 个州的数据，观察了 7 种有毒气体排放物，包括一氧化碳、氮化物、硫化物等。其结果支持 EKC 假说，不过 EKC 拐点出现在人均收入 1.2 万美元左右。

第三，不同的污染排放物质是否会带来不同的结论？Cole 等（1997）、Barbier（1997）都认为，在 EKC 稳健性方面的争论，可归因于排放物质在当地性与全球性上的区别。对排放地有较大直接影响的排放物质，比如固态、液态的污染物，往往更容易呈现出 EKC 的特征，其 EKC 拐点水平也较低；相反，易于扩散的气体物质，在 EKC 成立的稳健性上则弱一些，其 EKC 拐点的水平也较高。

第四，二氧化碳的排放是否表现出 EKC 特征？在气体排放物质中，二氧化碳具有重要的地位。这是因为煤、石油、天然气这三大碳基能源是维系工业和生活运转的主要能源，对它们的使用最终都会排放出二氧化碳。随着工业活动规模的扩大，二氧化碳的排放速度超过了自然生态系统的吸收速度，在大气层中累积起来，出现温室效应。二氧化碳是主要的温室气体，占温室气体总量的大约四分之三。所以，发掘 EKC 经验证据的努力一开始，二氧化碳就受到了研究者的特别关注。

一个有较大影响的观察结论是由 Holtz-Eakin & Selden（1995）得出的。它发现，碳排放强度（单位 GDP 的二氧化碳排放量）总是下降的；但是它预测，至 2025 年，全球二氧化碳排放量仍将以 1.8% 的速度保持增长。也就是说，在可预见的未来，全球二氧化碳的排放并不表现出 EKC 特征。从其他文献来看，二氧化碳与其他排放物相比，EKC 的稳健性更具争议（Barbier，1997）。较近的估算数据也的确表明，全球的二氧化碳排放量仍处在上升阶段，尚未越过 EKC 拐点（陈诗一，2009）。

综上可见，文献中的主流观点是，越不容易扩散、对排放当地负面影响越大的排放物质，其 EKC 的特征越稳健，EKC 拐点所要求的人均收入水平也越低；相反，越容易扩散、对排放当地的负面影响越小的物质，EKC 的稳健性就越弱，或者即便呈现出 EKC 特征，EKC 拐点所对应的人均收入水平也很高。对于二氧化碳这种温室气体，其之所以尚未在多数国家呈现出 EKC 特征，可能正是因为它易于排放又对排放地没有直接的负作用。

二、对 EKC 形成机制的理论解释

实证工作所揭示出的环境质量与经济增长之间的倒 U 形关系，仅仅是一个统计观察。针对它背后的机理，理论文献提供了多种解释。Arrow 等（1995）、鲍健强等（2008）给出了一个基于经济结构变迁的解释思路。人类社会的前期是清洁的农业经济；后来以工业经济为主体，污染排放逐渐升高；随着西方国家逐渐过渡到以相对清洁的服务业经济为主体，污染排放亦随之下滑。

Copeland & Taylor（1994；1995）着眼于"污染天堂效应"，即：一些高污染排放的产业从发达工业化国家转移到了欠发达国家，从而发达国家的污染排放出现下降。文献中对这一效应的甄别，主要是通过观察一国的消费产品结构，看进口商品在高污染行业的比重变化。如果发达国家的这一比重上升，就表明更多的高污染排放产品是在国外生产的。Levinson & Taylor（2008）用计量实证方法甄别出了这一效应的存在。

Stokey（1998）的出发点是，污染排放是一种没有被充分市场化的活

动。于是，减排的实施一般由政府对企业提出要求。若企业达不到要求，则可能面临一定的惩罚，这相当于企业的减排成本。但是，由于价格机制的缺失，企业通过实施减排所节约的惩罚损失可能小于其他投资途径的收益率，减排的机会成本高。于是在初期，企业就不减排，污染排放量一路升高。但是，随着环保要求的逐渐趋于严格，通过减排所能节约的惩罚损失也逐步上升。当越过某个临界点后，它将不再低于其他投资用途的收益率，企业就投入资源用于减排，污染排放随之逐渐下降。

Jones & Manuelli（2001）考虑居民收入与政治制度的影响。当人们的收入水平较低时，人们对环境恶化的容忍程度较高；但是当人们的收入水平提高后，人们将对环境恶化越来越不满。民众的这种态度变化，经由政治渠道对企业的减排产生压力，促使污染排放由上升转变为下降。这一解释思路得到了经验证据的支持（Barrett & Graddy，2000）。

Andreoni & Levinson（2001）用污染减排的规模报酬递增来解释 EKC 的形成。打个直观的比方，地板上每隔一个月积累起 1 毫米厚的灰尘，清洁工需花费 4 小时的时间才可打扫干净。现在，如果间隔了两个月，地板上的灰尘变为 2 毫米厚，清洁工是否需要花费 8 小时的时间才能打扫得同样干净呢？直觉告诉我们，通常不需要 8 小时，往往只需要比 4 小时多一点就可以。这就是污染减排的规模报酬递增。如果前期的污染排放量较高，但减排投入很低，那么污染排放量就上升；随着减排努力的增强，其规模报酬递增的特性将促使 EKC 出现下行。

此外，还有其他的解释思路，比如 Jones & Manuelli（1995）强调了污染排放的外部性和制度演化。要将污染排放的外部性内部化于经济系统，需要有较为先进的制度，而制度的演变是一个渐进的过程。在相关制度形成之前，污染排放是呈上升趋势的；而在相关制度成熟之后，污染排放将逐步呈现下降趋势。

可见，针对 EKC 的形成机制，存在着多种解释思路。需要注意的是，这并不代表着在分析技术上更容易做到。对污染与增长关系的研究在多年前就已经在进行（Forster，1973），而且也有学者用内生增长框架进行分析（Bovenberg & Smulders，1995）。不过，这些研究往往是从平衡增长均衡的视角展开分析的，而拱形的 EKC 特征更适合用比较静态或者转移动态的视角去观察。

这些众多的解释思路各有各的侧重点，因此，很难说一种解释比另一种解释更合理。不过，从中可以产生的一个问题是，EKC 的形成是由市场机制自发形成的，还是人为的政策干预形成的？若答案是前者，那么解决污染排放的最终办法就是尽快地推动经济增长（Beckerman，1992），大多数学者并不认同这种看法，而倾向于接受另一种看法：EKC 的形成是市场对政策干预做出反应的结果（Barrett & Graddy，2000）。这一主流判断的形成，对于治理碳排放具有重要的含义——要降低二氧化碳在大气层中的浓度，仅仅依靠市场的自发力量是不够的，还需借助于主动的政策干预。

第三节　气候变化与碳减排

如果二氧化碳对人们的生活没有什么影响，那么，它是否呈现出 EKC 特征则无关紧要。然而，自然科学界的许多研究将全球气候变化与二氧化碳在大气中的浓度联系起来，并进一步把极地冰山融化、海平面上升、极端天气频繁出现等气候恶化现象归咎于这种联系。可见，二氧化碳的排放不仅不是一个无关痛痒的问题，甚至是事关未来人们福祉的重要问题，那么自然地，二氧化碳的排放是否越过了 EKC 的拐点？若未越过则何时能越过？人们应采取多大力度的措施来降低二氧化碳的排放量？这一系列问题就会接踵而来。

但是，碳排放问题并不像其他污染排放物那么容易解决。这源于二氧化碳具有不同于其他污染排放物的特性——它对排放当地没有太大的直接负面影响；它易于扩散；其排放具有全球的外部性。因此，虽然理论层面的研究告诉我们，需要人为干预来促使碳排放呈现出 EKC 特征，但同时也要看到，地球大气层是一个没有主权更没有产权的公地，一国的单独减排行动不仅具有较大的正外部性，使得减排激励不足，更重要的是，它很可能完全于事无补。碳减排要求以一个国际合作框架来应对。再者，碳减排技术的开发还牵涉到科技创新的技术外溢问题，这与碳排放的负外部性、全球公共性结合在一起，使得碳排放的治理问题呈现出前所未有的复杂性和艰巨性（Dietz et al.，2009）。2009 年年底的哥本哈根气候峰会未能达到预期目标，就是这种复杂性的一个表现。

一、可再生资源的危机

以往，人们对不可再生资源的有限性感到忧虑，觉得矿产和油气资源一旦开采完毕，人类将陷入困境。但是几十年过去了，那些初级资源的价格并未如预想的那么快速上涨。这表明，引致型的技术进步的确可以使得人类对初级资源的需求呈递减趋势，从而使得不可再生资源的有限性在一定条件下并不排斥经济规模的扩大。然而，碳排放反映出的问题却与此截然相反：它反映出的是可再生资源逐渐枯竭的危机。

地球的自然生态系统吸收二氧化碳的机能，可以被视为是一种可再生资源。比如，植物的生长需要二氧化碳和太阳光。如果没有人类的活动，大气中较高的二氧化碳浓度将促进植物的生长，森林面积随之扩大，而森林面积的扩大有助于降低二氧化碳的浓度。可见，在自然循环之下，大气中的二氧化碳浓度能够在森林面积的调节下维持在一个稳定的水平上。森林面积就相当于是一种针对二氧化碳浓度的可再生资源。

然而，随着工业活动规模的扩大，人们在使用碳基能源的过程中所产生的二氧化碳排放速度逐渐超过了海洋和自然生态系统的吸收速度。同时，人类经济规模的扩大伴随着人类活动空间的扩大，使得森林面积下降，这削弱了自然生态系统吸收二氧化碳的能力。两方面的因素结合起来，使得大气层中的二氧化碳存量越积越多，二氧化碳浓度也越来越高。这被认为是温室效应和气候变化的主要原因。

除此之外，森林本身也是一种可再生资源。树木被砍伐、利用后，在原地可播种新的树种，经过若干年后，还能长出新的树木。这是森林与可再和资源与石油、矿产资源等不可再生资源所不同的地方。其他可再生资源还包括生物多样性。随着人类活动空间的扩展，其他生物的生存空间被压缩，导致一些物种灭绝。多样的生命形式是大自然赐予我们的天然活标本，它的下降实际上意味着人类将来能够观察的生命形态的减少。这与极地冰山的融化相类似，它们可能都是不可逆的（Scheffer & Carpenter, 2003）。即便人类通过各种措施把二氧化碳浓度降了下来，生物的多样性再也难以增加，极地的冰山也很难快速凝结。

种种迹象表明，人类的活动已经触及地球承载能力的上限（Dean, 1992）。它所涉及的，不仅仅是资源储量的有限性问题，而是自然生态系统的再生能力问题（Brock & Taylor, 2005）。在传统的环境污染问题中，污染排放涉及的还只是排放当地的承载容量。在当地生态系统消除污染排放的速度慢于排放速度时，污染就会在当地累积起来。有关EKC的各种争论，多是针对这种情形，而未涉及地球的承载能力（Arrow, et al., 1995）。

而对于具有再生能力的生态系统，对它的消耗并不停留在数量减少的层面，更在于生态系统量变引起质变的变化很可能是不可逆的，而且很可能会对人类社会带来灾难性的后果。Brander & Taylor（1998）用经济学方法分析了太平洋复活节岛上的文明兴衰过程，发现岛上森林在1000年的时间跨度上逐渐被居民消耗光，这是导致该岛文明由兴转衰的原因。由于科学知识的匮乏，人们往往不清楚对生态系统的消耗会带来怎样的后果；由于生态系统的演变非常缓慢，远远长于人的寿命长度，所以单个个体的人总是以生态环境为给定的外部条件，从而对自己消耗生态资源的危险性无法充分认识。森林这种可再生资源的被过度使用，导致岛屿生态系统的崩溃，资源再生能力一降再降，终于使得该岛屿的文明在历经千年之后几近消亡。

在某种意义上，地球的大气生态系统就像复活节岛的森林。碳排放的空间和容量是地球提供给人类的一种可再生资源。由于二氧化碳的上述特性，人们对碳排放问题往往疏于做出反应（McConnell, 1997）。三百年的工业文明无声地消耗着大气生态资源，从而导致了如今的气候变化问题。如果人类不加以重视，整个地球可能变成另一个复活节岛。相对而言，森林还可以被赋予产权或被保护，而地球大气基本上不能被赋予产权，也基本上不可能单独由哪个国家进行保护，因而气候变化、二氧化碳减排问题，就尤其难以解决。

二、主流分析工具：气候变化综合评估模型（IAM）

对碳排放和气候变化问题的宏观经济研究，是从 Nordhaus（1982）开始的。此文虽短，却对二氧化碳的特性、减排合作、政策手段、不确定性等相关问题，都有所提及。在后续的研究中，采用传统的理论模型定性分析与计量实证分析这两种途径的，并不太多。它们所关注的问题，主要还是碳减排与经济增长之间的关系是怎样的。Jorgenson & Wilcoxen（1990）估算出，美国汽车减排导致美国经济增长率下降了 0.051%。这意味着碳减排对经济增长有非常大的负面影响。Gradus & Smulders（1996）则用内生增长框架来研究可持续的经济增长与环境质量的维护同时存在的条件。Eichner & Pethig（2009）另辟蹊径，构建了一个 IEES（Integrated Ecological-economic System）理论模型，包含生态系统与经济系统之间的双向联系。尽管该论文在生态系统的微观基础上下足了工夫，但是为了能让定性分析得以进行，它不得不在经济系统的设定上做出极大的简化和抽象，因此，从经济学视角来看，其宏观分析就略显欠缺。

（一）IAM 的概况

分析碳排放和气候变化的主流方法是气候变化综合评估模型（Integrated Assessment Models，简称 IAM）。IAM 把自然界的变化与人类经济系统的活动整合在一个框架中，其基本结构是：经济系统在运转过程中产生二氧化碳，二氧化碳使得生态系统发生变化，这种变化再影响到经济系统，形成一个循环流（参见图 2 - 3）；政策干预变量在经济系统模块嵌入。IAM 大多以新古典增长模型为基础（图 2 - 3 的左半部分），再将自然生态系统和碳排放整合进去（图 2 - 3 的右半部分）。这一做法相当于在经济系统中引入一种自然资本（Bovenberg & Smulders，1995）。接下来，研究者对参数进行校准，再通过软件编程做数值模拟，以观察和预测未来一段时期中二氧化碳排放的轨迹（Kelly & Kolstad，2001）。这一思路介于纯理论的定性分析与计量实证分析之间，既秉承了前者基于结构系统的优势，把分析预测基于参与者的理性行为之上，又可以给出具体的估计数值。

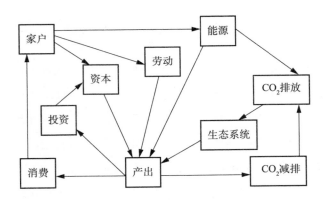

图 2-3　气候变化综合评估模型的一般结构

　　显然，无论是经济领域还是生态领域，人类的知识都还相当有限。IAM 却要把这两个本来就没有研究透彻的系统整合在一起，其中的维度之大，足以保证不同的研究者在选择把什么放到模型系统里时享有足够大的自主性。自 20 世纪 90 年代以来，IAM 的发展历程的确表现出较大的多元化特征。有的 IAM 侧重于生态系统，有的侧重于经济系统，在参数取值上也多有不同。这导致出现了二十多个不同版本的 IAM 模型，其中较为重要的是 MERGE（Manne, et al., 1995）、DICE（Nordhaus, 1994）、RICE（Nordhaus & Yang, 1996; Nordhaus, 2009）、FUND（Tol, 1997; Tol, 2001）、PAGE（Hope, 2006）。在详细的文字分析背后，著名的斯特恩报告中的（Stern, 2006）基础性技术工作就是 PAGE 模型。

　　这些 IAM 模型可分为政策评估与政策优化两大类（Kelly & Kolstad, 1999）。政策评估模型（Policy Evaluation Models）是考虑某个特定的政策选择对气候和经济的影响；政策优化模型（Policy Optimization Models）则带有双重目标，既要做政策评估模型的事情，也要考虑在减排成本与控制气候变化幅度这两个方面的权衡取舍，选择有效率的政策力度。在上面列举的 IAM 模型里，PAGE 属于政策评估类，而其他几个都属于政策优化类。

（二）IAM 的技术特性

不同的 IAM 模型在设定结构上的细节差异，并不适于在这里展开详述。不过，它们所面对的困难是相同的。

第一，如何容纳气候变化的全球性与一国碳减排政策的区域性？气候变化的影响范围是整个世界，而各个国家的主权却是有地域限制的，其碳减排政策无法越出国界。要估算出减排效果和碳排放轨迹，必须将全球各国的碳减排行动都考虑进来。由于世界上的国家数目多达近 200 个，如果完全按照现实情况去处理，那将复杂到几乎不可能展开分析的程度。对此，常见的处理思路是把世界分成几个大的区域。比如欧盟、美国、中国、日本、亚太新兴经济体、资源型经济体（包括俄罗斯）、欠发达国家。不同的 IAM 在具体划分上存在出入，像 FUND 模型就将世界分成了九个区域，而不是上面所列的七个。在把整个世界分为几个有限的区域后，再分析一个区域（尤其是一个大国）的碳减排政策，就方便多了。即便如此，要把一个区域内所有国家的 GDP、资本存量进行加总以及计算全要素生产率，也不是一件轻松的事情，研究者搜集数据的工作量很大。

第二，如何在宏观一般均衡模型中容纳不同区域之间的减排博弈？将世界划分为少数几个区域的做法，只是简化分析的第一步。由于碳减排的参与者数目有限，每一方的减排不仅影响自己，也会影响到别人。亦即，每一方的碳减排都不会独立于其他方，必须考虑参与各方的策略博弈。然而，IAM 所基于的新古典增长模型属于一般均衡框架，它以竞争性假设为基础。文献中还没有出现把博弈行为嵌入一般均衡的成熟处理方法，但又无法绕开这一难题。对此，IAM 的处理思路是仅观察少数几个博弈场景，即：不减排（Business as Usual，缩写为 BAU）、非合作纳什均衡解、完全合作解。起初，大家仅仅计算 BAU 和完全合作解，后者是从社会计划者的角度解出对社会而言最有效率的减排力度，参与方之间将毫无保留地充分合作，它与 BAU 固然构成最好与最差的两个极端，但它们之间的差距也可能会过大。后来，IAM 文献开始借鉴 IPCC 的做法（Schenk & Lensink，2007），计算某些特定博弈场景下的碳排放结果，比如 RICE 计算非合作纳

什均衡解，这可为预测未来的碳排放轨迹提供一个基准。

第三，如何处理气候变化影响经济系统的不确定性？气候变化固然会影响到经济系统，但是具体通过什么途径来产生影响？会影响到哪个或哪些国家？影响的力度有多大？影响一定是负面的吗？这样的问题，都是难以做出准确判断的。从自然生态系统到经济系统这个环节，存在着巨大的不确定性。IAM 在做数值模拟时，必须模拟出这种不确定性，但这在技术上却是颇具挑战性的一件事情。

研究者先要选择一种合适的编程语言，将来自理论模型的随机非线性动态系统转换为电脑程序。一个获得推荐的程序是 GAMS（Duraiappah，2001），但据笔者的经验，这个软件并不好用。原因在于，在数值计算过程中报错时，该程序并不能清晰地说明错误出在哪里，从而导致研究者不清楚如何修改程序。选择编程语言之后的数值模拟过程，仍属于前沿的技术性范畴，研究者们在尝试多种新方法。Leimbach & Bruckner（2001）引入一个碳排放的可忍受窗口；如果根据某一种政策力度，在计算过程中出现碳排放量越过了这个窗口，就自动停止计算，这可大大减少计算量。von Below & Persson（2008）尝试采用蒙特卡罗方法处理不确定性。Weitzman（2009）特别针对小概率但高损失的气候灾难这一可能性，进行了非常仔细的研究；其结论之一是，对不确定性的处理的确非常困难。

三、碳减排行动的缓急之争

温室效应的全球性与各国主权的地域性及利益多元化的矛盾，要求一个合适的国际合作框架来应对（胡振宇，2009），但是在如何行动上，各方则出现了严重的分歧。斯特恩报告（Stern，2006）认为，若推迟减排或减排力度不足，则以后将付出 20% GDP 的巨大代价，因此，他主张各国立刻采取坚决有力的行动，降低未来灾难的发生概率。这一观点似乎成了欧美在哥本哈根气候大会上强压中国减排的理论依据。与之相对的另一种观点是气候政策坡道说，即近期的减排力度可以较小，在中远期再逐步加大减排的力度（Olmstead & Stavins，2006；Pindyck，2009），这样可借助低碳技术的进展来降低减排成本，动态效率较高。

论战的双方都是基于 IAM 这个分析工具，得出各自的判断结论。既然都是基于同一种分析技术，那么，各方结果的合理性就是可以比较和判断的。Nordhaus（2007）、Weitzman（2007）等文献认为，斯特恩报告的结论所基于的参数设定并不符合经济学传统。经济学文献通常将一年的时间偏好率设定在 3%—5% 左右，而 Stern 设定的是 0.1%，这大大强化了人们对未来的重视程度。更重要的是，不管参数怎样赋值，它们都必须满足在宏观经济学中起基础性作用的跨期优化方程——拉姆齐规则。但在 Stern 的参数设定下，假如其他参数的取值未严重偏离传统的合理取值范围，那么，拉姆齐规则就不能成立。此外，Anthoff & Tol（2009）用 FUND 模型重做了斯特恩报告的技术分析工作，发现后者存在偷换概念等严重失实行为。从专业角度看，这些缺陷都是致命的疏漏。所以，多数文献认为，斯特恩报告的贡献主要在于调动起世界对气候变化的关注，但它的判断结论并不可靠。

事实上，在斯特恩报告出来之前，学界已经计算过了二氧化碳排放的后果，并提出过相应的减排建议。虽然大家的方法和结果相差较大，但都远未达到 Stern 所估算的危险水平。而且，几乎所有模型的预测结果都表明，全球二氧化碳排放总量的 EKC 拐点不会在 2050 年之前出现；在政策建议上，比较接近的观点则是，碳减排力度应逐步加强，即为"气候政策坡道"。

四、碳减排的措施选择及制度安排

IAM 是从宏观层面对碳减排进行分析，往往会把碳排放的多种来源、碳减排的多种形式都抽象掉了。政策干预变量仅以排放一吨碳需支付多少产出的广义碳税来体现，而不管它是通过哪种途径（行政管制、数量许可证、排放税）来实施的。不过显而易见的是，对具体的减排措施的研究也是十分重要的。有一部分文献研究的就是减排措施与减排效率之间的关系。Mohtadi（1996）用理论建模来回答这样一个问题：在考虑到环境因素时，什么样的政策更有利于保证增长？其结论是，结合数量控制和税收补贴，将比单纯使用税收补贴手段要好。Antweiler（2003）考察的是政府的减排政策与企业减排行动之间的关系。它用博弈模型和实证分析得出的结论是，若依靠制定排放标准和排放税这样的绿色规制措施，实际的效果将因企业的隐藏信息或隐蔽行动而变得很有限。Popp（2002、2010）则认为，仅仅依靠技术进步或者仅仅依靠碳税去减排，都是不够的。通过技术研发来寻找替代能源，或许是碳减排的根本解决办法；但相关的技术存在跨国溢出的问题，这就需要使用包括碳税在内的制度安排予以引导。Goulder 等（2009）研究了中央政府与地方政府减排政策冲突的问题，他认为当地方政府的减排政策比中央的更为激进时，地方的政策效果将大打折扣。

碳排放问题的特殊性之一，在于它是一种全球公共品。一个国家无法独立于其他国家进行单独的减排；相反，若其他国家都减排而一国不减排，则相当于其他国家在补贴不减排国家的经济增长（Brock & Taylor，2005），这种两难困境要求以一个国际合作框架来应对碳减排。1997 年达成的京都议定书，是这方面的一个重要里程碑。但是它在 2012 年就要到期，而且文献中对它的评价并不高。比如，Barrett（2006）认为，长期的碳减排需要突破性的技术，而京都议定书只是组织碳交易市场，不能成为长期自执行的均衡。Nordhaus（2006）认为，像京都议定书那样的数量控制型框架，避免不了效率欠缺的问题，要达到有效率的结果，还是要借助于价格机制。

那么，京都议定书之后的国际协议框架将呈现什么样的图景呢？Olmstead & Stavins（2006）提到，国际碳排放许可权的初始分配意味着非常大的国际财富转移，这对 1990 年之后才开始迅速发展的国家不利。它进而给出了一个京都议定书之后的国际协议框架方案——在近期，采取坚定而适中的减排措施；在远期，则采取严格但灵活的措施。Pizer（2006）的观点是，对所有国家提出一个统一的减排方案与时间表是不现实的。近期的目标是让各国先行动起来，用政策去适应和调整各自国内的形势。我国的国务院发展研究中心课题组（2009）也提出了一种建议，即在强调历史责任的基础上建立各国的碳排放账户。显然，这是一个极其复杂的问题，不仅需要学术界做出理性的判断，也要充分考虑现实中的政治博弈。

第四节 小结

对于不可再生资源的枯竭危险，人们往往易于感知，进而产生担忧并采取行动。但是对于可再生资源，人们普遍失察于它们的弱化趋势。这一方面是因为可再生资源的变化周期大大长于人的寿命长度，不易为人察觉。比如，人类大规模使用碳基能源的历史已有三百年，但是对它的负面作用的理解到近期才进入大众的视野。另一方面，也是由于保护可再生资源具有很大的外部性。气候变化的风险是巨大而且难以预知的，没有人能否认碳减排的重要性。然而，落实减排行动面临着很多复杂的难题：哪个国家多减排，哪个国家少减排？国际合作框架如何设计？碳排放的历史责任如何体现？减排技术和替代能源的开发如何得以促进？技术跨国溢出的外部性如何解决？（庄贵阳，2009）……这样的难题交织在一起，使得碳减排的实施面临着巨大的挑战。

有关碳排放的研究，在不同的时期有着不同的研究重点。从不可再生资源的有限性是否会阻碍经济水平的提高，到环境污染（资源利用的一个副产品）是否会拖累经济增长；从环境 Kuznets 曲线（EKC）假说的实证检验，到逐渐发掘出碳排放区别于其他污染排放的特殊性；从气候变化综合评估模型（IAM）这一分析工具的发展到碳减排进程的缓急之争……本章以一定的逻辑顺序，将相关研究串联起来做了一个综述，以便于后续的研究者按图索骥，更加快捷地进入碳减排这个新兴的研究领域。

从研究发展潜力上看，IAM 是一个有价值的工作平台。虽然它融合经济系统与自然生态系统的努力存在着许多不足，比如内生变量的维度较高、数值模拟相当困难、不确定性难以处理等等，但它能从纯理论模型的定性研究和计量实证研究的夹缝中走出来并发展了十余年，已经表明它具有独特的优势。

　　未来的研究进展可能在如下三个方向上发生。首先是一些特定的处理技术。IAM 对数值模拟的依赖，使得经济学之外的某些学科有可能把其特定的分析技术移植过来。这将促进经济学与其他学科的融合。其次，在动态一般均衡框架中容纳博弈行为，仍然是一个相当有挑战性的技术难题。现有的处理方法仅仅是观察几种有限的博弈策略组合。Yang（2003）提出，应该区分开环博弈与闭环博弈。前者是指人们已经知道将来发生的一切——即便是以概率的方式知道。但是，气候变化所带来的问题对人们而言仍然充满了未知数，而闭环博弈可以为容纳这种变化提供处理的思路。再者，将现有 IAM 所基于的新古典增长模型替换为内生增长模型，将有助于探讨减排技术的研发激励和跨国转移问题。

　　对于我国而言，掌握并使用 IAM 不仅是必要的，也是重要的。西方在哥本哈根气候峰会上的立场获得了斯特恩报告强有力的支持，然而，文献分析表明，斯特恩报告存在严重缺陷。学界中的主流观点其实是支持区别对待发达国家与欠发达国家的。我国国内却鲜有人知晓 IAM，更谈不上对西方观点进行评判了。当西方提出以科学为原则来对待碳减排时，如果我们能够指明斯特恩报告并非完全基于科学，从而所有国家的立即强力减排并不符合科学原则，那是否能对我国所提出并坚持的历史责任原则起到支援作用呢？是否有助于弱化因我国坚持历史责任原则而带给国际社会的强硬形象呢？

　　说明：此章内容在李宾和向国成（2012）基础上扩展、修改而成。参见《成都理工大学学报》（社会科学版）2012 年 3 月第 20 卷第 2 期《从资源枯竭之忧到资源再生之虑——碳排放文献述评》一文。

第三章

>>> 气候变化综合评估模型概述

第一节 气候变化综合评估模型的发端

在自然科学文献中，气候变化是一个研究得相当深入的领域；而从经济学的角度看，它是最令人着迷的领域之一。对气候变化的控制潜藏着常人难以想象的挑战；没有任何其他的环境议题有这如此大的不确定性，会要求如此多的国际协调，解决起来要求如此之长的时间。

气候变化议题之所以有趣，是因为它不仅与自然科学相关，也与经济学相关，牵涉到的学科领域非常广。在自然科学方面，人们还是存在着许多不确定性：温室气体是如何在大气中运动变化的，温室效应对大气温度、海洋温度、降水以及海平面高度的影响，等等。对这些气候过程的研究要求使用大型的计算机模型；它们通常被称为一般循环模型（General Circulation Models，缩写为 GCMs）。

从经济学角度展开的对气候变化的理解，相比自然科学而言，在所处的阶段性上还要更早一些。一个例子是，气候变化对农业、休闲娱乐业（类似滑雪）的影响，就有着巨大的不确定性。这种不确定性的来源主要是相关研究的不足。而对于像气候变化这样需要很长时间来处理的议题，对其进行人为控制的成本高低主要取决于技术创新的进度，而这一进度又很难进行预测。比如，如果能研发出较为廉价的电动汽车，那将明显有助于应对气候变化问题。但何时能研发出在价格上有竞争力的这类汽车呢？如果现在有人给出确切的时间表，那也是没有什么可信度的。另一个例子是，在进行成本与收益的分析时，对于未来的远期收益，如何设定它与当前的权重关系呢？还有一个例子是，不管是哪种形式的调控工具，要在这么多国家之间推行有效的调控政策，必将是困难重重的。正是因为存在着种种不足，深入开展气候变化经济学的研究才是有意义的。本章就是对气候变化经济学中的一个重要分支——气候变化综合评估模型做一个简要的、概括性的介绍。

气候变化是一个很大的议题。它的各个方面都处于研究进展之中。有研究者试图把气候变化的自然科学方面和经济方面结合起来，以便对如何取舍政策选项做出更好的判断。这类研究被称为气候变化综合评估模型（Integrated Assessment Models，缩写为 IAM）。相关文献有 Dowlatabadi & Morgan（1993，1995）、Kelly & Kolstad（1997）、Kolstad（1996）、Lempert，Schlesinger & Banks（1995）、Manne，Mendelsohn & Richels（1993，1995）、MIT（1994）、Morita 等（1994）、Nordhaus（1994）以及 Peck & Teisberg（1992）。近年来，IAM 模型获得了越来越多的关注。在过去，IPCC 主要关注气候变化的自然物理方面；从第二次报告开始，它就专门发布一个报告，在其中汇报气候变化的社会经济方面的研究进展。IPCC 报告里，已经有专门的章节内容来介绍 IAM 模型。

什么是气候变化综合评估模型呢？宽泛地说，IAM 是指结合了气候变化的自然科学方面与社会经济方面的模型；其目的是为了控制气候变化而对各种政策选项作出评估、判断。一般而言，综合评估有三个目的。首先，对那些调控气候变化的政策进行评估，比如对最优政策力度的计算。其次，把气候变化的不同方面融入一个框架中，比如把温室气体含量翻倍后气温的上升幅度（这个参数被称为气候敏感系数）与消费者的主观贴现率参数同时放在一个模型里。最后，对气候变化所蕴藏的环境问题或者非环境问题进行比较，并给出数量上的估计，比如，在调控气候变化的过程中，是改善卫生防疫的收益更大，还是在发展中国家提高药品质量的收益更大？气候变化综合评估模型的工作就是要涉及上述三个方面。

第二节 政策评价模型与政策优化模型

不同的 IAM 模型主要有以下几个方面的差异。首先，根据对于决策者而言政策选择的多少来区分，它们大致可划分为两大类型：政策评价模型和政策优化模型。其次，它们在经济模块和气候模块的复杂程度上。再次，如何体现气候变化议题所蕴含的不确定性。最后，模型中的行为主体是否对气候变化政策做出反应。由于气候变化中的不确定性是一个很大的主题，如果要把这个主题说清楚，就需要大量的篇幅和内容，所以本章和本书不会对气候变化议题中的不确定性做详细介绍。

政策评价的 IAM 模型考虑的是某一个气候变化政策对生物圈、气候以及经济系统有着怎样的影响。它们常被称为模拟模型。与之相比，政策优化的 IAM 模型带有双重目的。一个目的是寻找最优的政策。为了调控气候变化，需要发生成本，也会有收益；政策优化模型就是要在成本与收益之间进行权衡，判断哪个政策以及某个政策下什么力度是最优的。当然，有时候，最优的含义也可以理解为，给定要达到某个调控目标，如何让成本最小化。另一个目的是，模拟计算出有效率的碳减排努力对世界经济的影响大小。两类模型的这种区分之所以重要，是因为政策选择的复杂程度决定了 IAM 模型的复杂程度。而越是复杂的模型，就越难以处理和计算。具体来说，政策评价模型只考虑一个单一的、外生的政策变化，以此来估算该政策对环境的影响。政策优化模型则需要从很多政策选择的力度中找出一个最优的力度。后者显然是更为复杂的过程，对计算的要求更高。所以，它们在经济模块和气候模块的设定往往较为简单。

政策优化和评价模型还在更深的层次上有所差异。宏观经济学中的福利经济学第二定理告诉我们，当所有收益与成本都由系统中的行为主体承担时（即所谓的内部化），分散决策的市场均衡与中央计划形式的资源配置是等价的。只要类似于碳排放这样的带有外部性的行为，其后果和收益也由微观主体承担，那么使用宏观一般均衡模型就是适用的。这个等价定理意味着，从这类模型所做的估计，与那些能体现民意的社会所自发进行的选择，将是相同的。因而，政策优化模型是规范性的，是对现实世界的描述。而在政策评价模型中，微观主体与政府的行为是给定不变的，再辅以所建议的政策措施、政策假设或者专家观点。可见，政策评价模型在拟合现实时，拥有更多的自由度；这点与政策优化模型是不同的。比如，政策优化模型里隐含着经济体的最优经济增长率；这也同时决定了未来的碳排放轨迹。不过，这种最优的经济增长率适用于发达国家的情形，与发展中国家的情况往往不一致。而政策评价模型则可以很方便地按照发展中国家的历史情况来设定未来的均衡增长率。不过，作为代价，在政策评价模型中，别人往往难以明晰微观主体是如何对周围环境做出反应的。因此，政策评价模型更像一个黑盒子，其计算结果的含义并不那么清晰。

相对于政策优化模型，政策评估模型的优点在于，它的维度较少，从而允许对气候变化这么复杂的现象进行多方面的描述，包括物理的、经济的、社会的描述。不过，增大复杂度是一柄双刃剑；它在更贴近现实从而显得更强大的同时，其计算结果并不那么清晰，因为它往往放入了很多行为环节或者自然过程，结构较为复杂。人们往往很难判断一次计算结果与另一次计算结果的不同，也不清楚到底是由哪些方面的差异引起的，以及不同因素所占的影响比例各是多少。与之相比，政策优化模型能容纳复杂的政策措施；这些政策措施可与气候系统和经济系统的某些状态变量联系起来。而且，政策优化模型还允许微观经济主体对政策做出反应。比如，给定一个控制气候变化的政策，则可通过政策优化模型来由厂商和消费者内生地决定化石能源与非化石能源在使用中的比例；而在一个政策评价模型中，研究者将人为地外生设定这种比例。这些比例是固定不变的。因此，这两类模型各有优缺点。政策评价模型好不好，取决于建模者的技巧，取决于研究者能否很好地把握厂商和消费者的行为。政策优化模型因受到数值计算能力的限制，在模型对现实世界的把握上需要有所取舍，往往不能体现出气候变化所要求的重要细节。

即使分别在这两类模型之内，对经济模块与气候模块的设定也存在着很多差异。有的 IAM 模型在地理上很复杂，把世界划分为 19 个区域，每个区域在碳排放和气候变化影响上都有所不同。有的模型则在能源模块上设计得较为复杂，尝试刻画当化石能源价格上升时经济体更多地使用替代能源的情况。在自然科学方面，有的模型基于一般循环模型，对气候系统进行仔细的刻画；而有的则侧重于大气化学，将多种温室气体包含于模型中。正如 Tol 等（1995）所说，对于应该把气候变化的哪些方面放入 IAM 模型中，研究者们并无共识。比如，Weyant 等（1996）认为，IAM 模型应该考虑当地的空气质量，因为天气的变化有时能消除当地的一些空气污染物。把当地空气质量的变化纳入到模型中，将大大地增加模型的复杂度。那么，为什么当地空气质量比气候变化的其他方面更为重要，从而需要优先于其他方面而纳入模型中呢？其实在其他研究者那里，很可能存在着不同看法和选择。

有的 IAM 模型被用来回答气候变化议题中较小的问题。比如，当政府实施积极的气候政策时，技术变化的进度可能加快。如果研究者对此感兴趣，就可以构造一个政策评价模型。其中，把能源部门刻画得相对复杂一些，将是必要的。但是在大多数模型中，为什么气候变化的有些方面被纳入了模型中，而有些却没纳入呢？Tol 等（1995）建议，IAM 模型应该是均衡的；亦即，它们应该对气候变化的不同组成部分给予大致相同的对待或关注。

在考虑应该对气候变化的哪些方面进行建模时，另一个想法是看最优的气候变化政策对什么最敏感。比如，化石燃料燃烧时，除了排放二氧化碳之外，还有二氧化硫的排放。但二氧化硫的作用与二氧化碳却恰恰相反，会起到某种冷却作用。如果气候变化的最优控制率对是否包含二氧化硫很敏感的话，那么在 IAM 中包含二氧化硫的建模动机就很强。相反，在 IAM 模型中加入二氧化硫后，如果所计算出的最优减排幅度基本差不多，那么这么做就只是徒然增加了计算的复杂度，因此是毫无必要的。但是，很少有研究从这个角度去展开工作，即，很少有人去判断气候变化的控制政策对哪些方面敏感。在这个方面，可以做变动模型中的参数研究，计算并记录结果的变化；或者，增加一个行业或地区，观察计算结果有什么变化。

需要特别强调的是，政策优化模型的一个重要特征，是允许微观的行为主体对控制温室气体排放的政策做出反应。为了说明这一点，不妨拿政策评价模型来做一个对比。一个政策评价模型会人为地外生设定出未来一个世纪对经济未加以调控的碳排放量，另外计算出某个气候政策的实施效果，再将两种情况加以比较。其中，对未来的碳排放量的设定往往是和经济增长相联系的。而在现实中，是否针对气候变化采取相应的应对政策，则会直接影响经济增长的表现。因而，当政策评价模型对两种情况进行比较时，其实是不具有可比性的，因为有调控政策下的经济增长业绩与没有调控政策下的增长业绩是完全不同的，其工作思路就存在某种瑕疵。

表 3-1 给出了一个 IAM 模型的列表，展示了它们在哪些维度上有所不同。在所分析的 21 个 IAM 模型中，10 个是政策评价模型，11 个是政策优化模型。至少从数量上看，到底哪一类模型更有优势，目前并无共识。表 3-1 还显示，在所分析的 21 个模型中，只有大约三分之一容纳了微观主体对政策做出的反应，而且只有五个模型容纳了不止一种的经济反应。它们的主要特征是允许行为主体改变它们的消费决策和投资决策。这自然是源于最优增长的理论框架。在最优增长类的模型中，许多 IAM 模型都有一个生产函数，它以能源消耗作为投入要素。因而，厂商可以通过降低化石能源的使用量、使用替代能源、更多地使用资本或劳动等方式对温室气体的调控政策做出反应。尽管如此，IAM 模型能够设定的反应方式还是相当有限的。比如，在所列的模型中，并未对气候适应或者内生技术变迁进行建模。

表 3-1　IAM 模型的对比

模型	文献	模型类型	细节 C	细节 E	细节 A	不确定性	经济反应
AIM	Morita, et al., (1994)	政策评价	C	S	C	无	无
AS/ExM	Lempert, et al., (1996)	政策评价	C	S	C	离散	无
CETA	Peck & Tiesberg (1992)	政策优化	S	C	S	离散	投资、能源
Connecticut	Yohe & Wallace (1995)	政策优化	S	C	S	离散	投资、能源
CRAPS	Hammit (1995)	政策优化	S	S	S	离散	无
CSERGE	Maddison (1995)	政策优化	S	S	S	随机模拟	无
DIAM	Chapuis, et al., (1995)	政策优化	S	S	S	无	无
DICE	Nordhaus (1994)	政策优化	S	S	S	随机模拟	投资
FUND	Tol, et al., (1995)	政策优化	S	S	S	随机模拟	无
ICAM	Dowlatabadi & Morgan (1995)	政策评价	C	S	C	随机模拟	无
IMAGE	Alcamo (1994)	政策评价	C	S	C	敏感性	无
MAGICC	Wigley, et al., (1993)	政策评价	C	C	C	敏感性	无
MARIA	Mori (1995)	政策优化	S	C	S	无	投资、能源
MERGE	Manne, et al., (1993)	政策优化	S	C	S	离散	投资、能源
MIT	MIT (1994)	政策评价	C	C	C	随机模拟	无
PAGE	CEC (1992)	政策评价	C	C	C	随机模拟	无
PEF	Cohan, et al., (1994)	政策评价	C	S	C	随机模拟	无
ProCAM	Edmonds, et al., (1994)	政策评价	C	C	C	敏感性	无
RICE	Nordhaus & Yang (1996)	政策优化	S	C	S	无	投资、控制
SLICE	Kolstad (1996), Kelly & Kolstad (1997)	政策优化	S	S	S	连续	投资
TARGETS	Rotmans (1995)	政策评价	C	S	C	无	无

说明：

（1）细节的三个方面包括有气候（C）、经济（E）、大气化学（A）。各子类的细节存在简单（S）和复杂（C）的区分。

（2）模型类型是指前文所述的政策评价模型和政策优化模型。前者用来评估一个外生的政策对气候与经济的影响；后者则内生地寻找最优的政策。

（3）在不确定性的四种类型中，敏感性分析是指使用确定性等价；随机模拟也假定了确定性等价，除此之外，还可变动多个参数值；"离散"是指在不确定性下做决策时，可能的结果是离散的，而且通常就是两个（比如投掷硬币）。"连续"是指可能的结果不是有限多个，而是在所有时点上都是连续的，亦即，有无数多种可能性。

（4）经济反应包括四种类型。针对温室气体调控政策，"投资"是指微观行为主体能够在投资与消费的选择上做出反应；"能源"是指微观行为主体能改变所选择的能源类型；"控制"则是 RICE 模型所特有的，它指碳减排的幅度是可以选择的，而且人们可以对它做出反应。

表 3-1 还展示了政策评价模型和政策优化模型在复杂程度上的差异。当然，这里所说的复杂度，并没有一个严格的定义。对一个复杂模型而言，会要求大气化学部分至少包含两种温室气体，比如二氧化碳、二氧化硫。一个复杂的气候模型会有两个以上的气候系统组成部分或者地区，比如南半球、北半球的地表温度变化；也可能包含两种以上的气候变化效应，比如降水或者海平面上升。一个复杂的经济模块对能源行业有着明确的表述和设定。目前，对大气化学进行了详细刻画的模型还不多见，更不用说对气候系统进行详细刻画了。

第三节　小结

由上可见，在构造 IAM 模型时，存在政策评价模型和政策优化模型的区分，两种模型各有优劣。我们不能说一种模型就一定比另外一种更好；只能说它们的适用情形是不同的。从中可以明白的是，在贴近现实与可实施计算之间存在着权衡取舍关系。越贴近现实，复杂度越高，数值计算越难成功。而且，是否纳入微观行为主体对气候变化政策的反应，实际上是理念上的差异，而不完全是计算问题。本书对政策优化模型的偏好，主要源于更认同它背后的理念，即：微观主体能通过储蓄率和碳减排率来对社会环境的变化做出反应。因此，本书所做的建模工作属于政策优化模型，而非政策评价模型。

说明：本章内容改编自 Kelly and Kolstad（1999）一文，即：

Kelly D L, Kolstad C D. Integrated assessment models for climate change control [J]. The International Yearbook of Environmental and Resource Economics: 1999/2000: A Survey of Current Issues, 1999: 171-197.

第四章

>>> **对化石能源消耗量呈现
增长趋势的分析**

基于经济学对气候变化进行研究，有许多不同的方法。经济学本身的分析工具包括有计量回归、一般均衡、博弈论等。在对气候变化展开研究上，这些分析工具各有自己的应用空间。本书所用的方法属于一般均衡法。这是宏观经济学的标准分析方式，从全局的角度对经济体进行把握。这个"全局"可大可小。当我们把气候系统也作为经济体的一个部分时，就是一个超大的"全局"。这也是本书取名为"气候变化的宏观经济分析"的原因所在：用宏观经济学的一般均衡方法，从一个既包含气候系统、也包含经济系统的更大全局角度来研究气候变化。

虽然气候变化综合评估模型（IAM）分为政策评价模型和政策优化模型两类，不过，本书所跟进的政策优化模型，如第二章所述，基本上都是以新古典增长模型（即最优增长理论）为基础，并在传统的经济模块上额外纳入气候系统模块。之所以如此定位，是因为这类模型容纳了微观行为主体对周围环境变化的反应，更符合一般均衡所蕴含的各方相互影响的含义。

不同的 IAM 模型在各个环节上的处理相差甚远。对于研究者而言，要在众多纷繁复杂的设定中做出自己的贡献，并不是一个简单的事情。本书的一个突破口是，现有的 IAM 模型在碳排放的设定方式上，要么让它与总产出规模相关联，要么让它与资本存量水平以一定的比例联系起来。这么

做固然起到了把经济活动与温室气体排放联系起来的目的，但仍存在着改进空间。

由于温室气体是化石燃料燃烧所产生的副产品，二者之间存在一个恒定的比例关系，所以，如果能把化石能源在经济系统里内生地表现出来，那么，对碳排放的刻画就比现有的 IAM 模型更为合理。为此，需要在模型中拟合出化石能源消耗的关键特征。只有在模型中做到了这一点，才可以认定相应的设定方式是恰当的。那么，化石能源消耗量的关键特征有哪些呢？从经济角度讲，要么是价格，要么是数量；实际上，两者是相关联的。然而，令人感到惊讶的是，在已有的气候变化经济学文献、环境经济学文献和资源经济学文献中，都很难找到对化石能源消耗量在价格或数量特征上的探索；即便偶尔找到几篇，也都是差强人意。因此，在模型中拟合出化石能源的数量特征，就成了本书的一个基础性理论探索任务。这就是本书建立的 IAM 模型的基础。

第一节　化石燃料消耗的数量特征

人们对化石能源消耗量的日益增加，已被认为是温室效应逐步增强、气候变暖越来越明显的主要成因。IPCC（2007）提到，"自 20 世纪中叶以来，大部分已观测到的全球平均温度的升高很可能是由于观测到的人为温室气体浓度增加所导致的"，而温室气体浓度的增加主要源自于 1750 年以来化石燃料的使用；目前，全球大气中二氧化碳、甲烷的浓度已经远远超出了根据冰芯记录测定的工业化前几千年中的浓度值。图 4-1 和图 4-2 展示了 1860 年以来四种主要化石能源的消耗量序列。从中可看到，各化石能源的消耗总量都呈现出上升的态势。

然而令人惊讶的是，化石能源消耗量呈现为增长趋势这一显而易见的经验事实，在文献中却很难见到有人关注和解释。自 20 世纪 70 年代开始发展的资源经济学主要关注的是，怎么在资源约束下实现可持续的增长，怎么取得代际公平，是否可遵循 Hotelling 法则来预测资源的价格以及人们是否感受到了资源枯竭的影响（Kolstad，2000）。这些议题都没有把资源消耗的数量特征当作需要严肃对待的研究对象。

　　资源经济学文献的这一缺失，使得 20 世纪 90 年代以来发展起来的气候变化经济学更多地遵循了环境经济学的传统。后者的一个研究主轴是环境库兹涅兹假说（EKC），即人均污染排放量随着人均收入的提高而呈现出先上升、后下降的倒 U 型特征（Grossman & Krueger，1995）。二氧化碳作为化石能源消耗过程中的副产品，被当作可以被减排的污染物来对待。这其中暗含了这样的一个假设：在给定化石能源消耗量的前提下，碳排放量可通过技术手段被人为地降低。主流的气候变化经济学文献比如 Nordhaus（1996）、Stern（2006）等，遵循的都是这种思路。

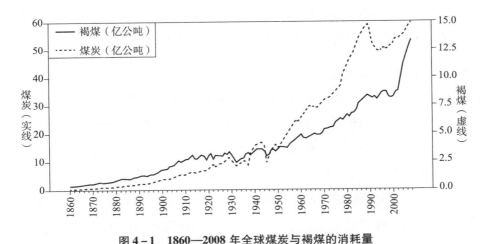

图 4-1　1860—2008 年全球煤炭与褐煤的消耗量

　　数据来源：1860—1949 年的全球化石能源数据根据 Keeling（1973）的表 11 和表 14 计算而得，1950—2008 年的则基于联合国能源统计数据库汇总而得。①

　　根据 IPCC（2006）的分析，在消耗某种化石能源来获取热能的过程中，相同热量的二氧化碳排放量基本上是恒定的。虽然人们可以通过对热能的循环利用来减少热能转化为其他能源过程中的损耗，比如汽车发动机的涡轮增压技术，但这类措施并不能改变化石能源消耗量和二氧化碳排放

────────────

　　① 1949 年之前的是化石能源消耗量序列；1950 年以后的是化石能源生产量序列。两者稍有不同，不过对理解本文的主题不产生实质性的影响。

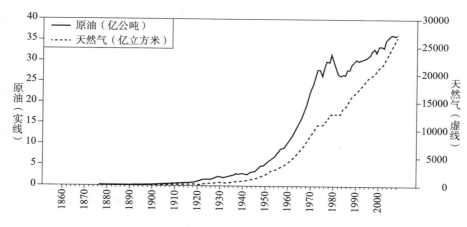

图 4 - 2　1860—2008 年全球原油与天然气的消耗量

数据来源：1860—1949 年的全球化石能源数据根据 Keeling（1973）的表 11 和表 14 计算而得，1950—2008 年的则基于联合国能源统计数据库汇总而得。

量之间的物质守恒关系。根据这个关系，投入了多少化石能源，不管产生的热能被怎么重复利用，最终产生的二氧化碳含量就会相应地产生多少。而由于二氧化碳的化学惰性极强，也很难想象二氧化碳可以像污染排放物那样被收集、处理。一个类似的例子是，氟里昂的使用会破坏大气的臭氧层，而解决的办法是使用其他物质来替代氟里昂，以此来降低氟里昂的使用量。因此，要降低碳排放量，最终需降低化石能源的消耗；对化石能源数量的考察，将有助于推进气候变化经济学的研究和碳减排政策有效性的提高。

本章尝试对化石能源消耗量的长期趋势给出理论解释。一个直观的看法是，经济越发展，需要耗费的能源越多，化石燃料的消耗自然也就越多。但是，石油、煤炭、天然气都属于不可再生资源，而人们对不可再生资源的直觉是，总有一天它们会枯竭。如果在解释时加上一个资源总储量的限制，那么，结论又会怎样呢？这相当于把早年吃蛋糕（Cake-eating）的纯消费问题拓展为包含了生产行为的一般均衡问题。已有的众多模型的推论是，在资源总量约束下，最优的资源抽取量会随着时间的推移而下降①。这一推论非常稳健，在各种情形下都能成立，但它恰恰与经验事实不符。我们发现，要获得对上述经验事实的成功解释，竟然出人意料地困难。本章通过展示一系列的一般均衡模型，把各种潜在的解释思路一一表达出来，进而给出理解化石能源数量特征的视角——在模型中放弃资源总量的约束。鉴于该视角与人们的日常直觉相悖，所以文中以一定篇幅来加以详细说明。

本章结构如下。第一节为事实背景。第二节提出简化的资源经济模型；综合早期资源经济学的建模思想后揭开资源抽取之谜。第三节提出了解释该谜题的潜在思路，并通过一般均衡模型来加以论证。由于在各种思路下都不能获得资源使用量正增长的预测，第四节提出了本章的主要观点，即不可再生资源的储量限制是不必要的，而应采用生产要素配置的视角来理解化石能源向市场的供应。第五节是对多种拓展性的考察。第六节为小结。

第二节　资源抽取之谜

化石能源是不可再生资源，因此，可以从资源经济学的文献中理解化石资源的特征。资源经济学的先驱是 Hotelling（1931），它所涵盖的许多问题在后来的研究中总是被反复地提及。20 世纪 70 年代，资源经济学迎来了一个研究高潮，这期间出现了许多有影响力的论文。其中，Dasgupta & Heal（1974）、Solow（1974）、Stiglitz（1974）是三篇重要的理论探索文献。Benchekroun & Withagen（2011）以一个简单的资源经济模型，综合了这三篇文献的建模成果，并将之称为 DHSS 模型。下面以 DHSS 模型来分析资源抽取之谜。②

---

① 某个特定年份葡萄酒的消费路径，就类似于此。

② 之所以称为资源抽取，是因为当资源总储量固定时，对资源的消耗就类似于吃蛋糕问题。文中对资源消耗量、生产量、抽取量、消费量等这些词不加区分，视为相同含义。

假设总产出 Y_t 由资本 K_t 和不可再生资源 R_t 两种投入构成，即：

$$Y_t = AK_t^\alpha R_t^{1-\alpha} \tag{4-1}$$

其中，A 代表全要素生产率。为简化起见，假设它恒定不变。在竞争性环境下，经济系统可由如下的社会计划者形式的优化问题来描述：

$$\max_{C_t, R_t} \int_0^{+\infty} u(C_t) e^{-\rho t} dt \tag{4-2}$$

$$\text{s. t. } \dot{K}_t = Y_t - C_t - \delta K_t \tag{4-3}$$

$$\int_0^{+\infty} R_t dt = S_0 \tag{4-4}$$

即，社会计划者选择每期的消费量 C_t 和资源抽取量 R_t，以最大化无穷期上的效用流的贴现和。参数 $\rho \in (0, 1)$ 为时间贴现率。（4-3）式为常见的资本积累方程，δ 为折旧率。（4-4）式最早是 Hotelling（1931）给出的资源储量有限的约束方程，其中常数 $S_0 > 0$ 代表了资源的总储量。假设 $u(C_t) = \log C_t$，定义 t 时资源的剩余储量 $S_t \equiv S_0 - \int_0^t R_s ds$，则有：

$$\dot{S}_t = -R_t \tag{4-5}$$

使用动态优化的最大值原理对上述问题求解。设 λ_t 为 K_t 的影子价格、η_t 为 S_t 的影子价格，则可推导出：

$$\frac{\dot{\eta}_t}{\eta_t} = \rho \tag{4-6}$$

$$\frac{\dot{R}_t}{R_t} = \frac{\dot{K}_t}{K_t} = \frac{\dot{Y}_t}{Y_t} = -\rho \tag{4-7}$$

（4-6）式即为著名的 Hotelling 法则的数学表述。其含义是，不可再生资源的影子价格作为资源稀缺性的一个合适的度量（Lin & Wagner，2007），其增长率必然等于贴现率。亦即，资源在任何时期的影子价格的贴现值都与初始价格相等，因此，在沿着有效率的路径进行资源开采时，资源的贴现价格不变。对于开采者来说，到底把资源保存在地下还是开采出来，这两种选择并无差异。该式在后文的多个模型中都始终成立。但要注意的是，资源的影子价格并不等同于资源的市场价格 P_t，后者的计算式

其实为 $P_t = \eta_t / \lambda_t$。许多人试图通过观察化石能源市场价格的方式来判断 Hotelling 法则是否成立，实属误解。

本章关注的是资源使用量的情况。从（4-7）式可看到，在这个简单模型下，资源抽取量与资本存量、总产出都以速率 ρ 下降。其原因在于，既然未来的同一单位效用比当前的要低，那么，在当前多消费就比在未来才消费要更符合效用最大化的目标，当前的产出就会更多，这要求当前的资源使用量更大。然而，（4-7）式所代表的模型预测结果与现实中所观察到的资源使用量持续上升的经验事实是不一致的，这也是 Hotelling（1931）的一个困惑之处。他进行了多种建模努力，始终无法得出满意的结果。时隔 50 年以后，这个困惑依然没有消除（Devarajan & Fisher，1981），所以这里称之为资源抽取之谜。那么，为了获得资源使用量上升的理论预测，可借助什么因素来解释呢？

第三节　几个潜在的解释思路

资源使用的数量特征从来没有进入主流研究的视野。资源经济学的最主要议题包括：怎么在资源约束下实现可持续的增长？不可再生资源的稀缺会不会阻碍经济的增长？如果资源储量是有限的，它怎么可能支撑人均消费水平在无穷期中维持不变甚至增长呢？在实证方面，人们通过观察经济增长的经验事实，很容易判断出这种悲观前景并未出现。在理论方面，研究者们提出了多种解释思路，比如资源节约型的技术进步（Di Maria & Valente，2008）、将资源转变为耐用资本品（Hartwick，1977）、引致创新（Popp，2002）、废物回收（Di Vita，2001）。另一部分文献则关注资源价格，尝试理解为什么多数不可再生资源的实际价格在长期中未如 Hotelling 法则所预测的那样上升，比如 Adelman（1986）、Lin & Wagner（2007）、Shafiea & Topalb（2010）。迄今为止，对资源约束下人均产出的增长作出解释并非难事。除了引致创新之外，各种各样的建模都可轻松地获得与事实相一致的结果。对资源价格的建模则困难得多，很少有理论论文得出资源价格下降的预测。而对于不可再生资源的数量特征，则很难看到深入的研究。鉴于此，这里只能根据已有文献对资源约束下可持续增长的解释和直觉，提出几种针对资源消耗的数量特征的解释思路。

首先，最容易想到的解释是，技术进步是资源节约型的；人们可以在耗费越来越少资源的情况下获得越来越多的产出，从而不需要担心资源的日益枯竭。第二种思路源自 Hartwick（1977）——如果人们把从不可再生资源获得的收益，投资于可重复使用的资本品的生产，那么，即便未来资源枯竭，后代也可借助资本品来维持人均消费水平的不变，所以人们敢于消耗掉当前的自然资源。第三种解释思路源自早年希克斯的引致创新（induced innovation）思想，即：当某种投入的价格上升时，企业将通过技术开发寻找替代投入，从而降低对原来投入品的需求和依赖。针对上述三种解释思路，本书分别构造相应的理论模型，来看从它们当中是否能产生出与经验事实相符的预测。

一、资源节约型技术进步

与 DHSS 模型相比，这里将总产出的生产函数修改为：

$$Y_t = K_t^\alpha (A_t R_t)^{1-\alpha} \qquad (4-8)$$

其中，A_t 体现了资源节约型的技术；它越大，在其他条件相同的前提下所需耗费的资源就越少。这里假设 A_t 以速率 $g_A > 0$ 外生增长，社会计划者仍然以（4-2）式为目标函数，在（4-3）、（4-4）式的约束下选择 C_t、R_t。

由于我们关注的只是内生变量的长期趋势，所以只需观察它们在平衡增长路径（BGP）上的表现。以 g_x 代表变量 x 在 BGP 上的变动速率，则在最大值原理下可推导出：

$$g_Y = g_K = g_A - \rho$$
$$g_R = -\rho \qquad (4-9)$$

可见，当产出有可能正增长时（$g_A > \rho$），资源使用量的长期变动规律与 DHSS 模型的相同，并没有因出现资源节约型的技术进步而有所变化。

技术进步的好处全部反映在产出的提高上，而不是资源消耗的降低上。所以，这一直观上的解释思路并不成立。

二、把自然资源变为资本品

Hartwick（1977）的解释思路是针对资源使用的代际公平的。这里我们也来看一看，在加入各种推动经济增长的因素后，它是否能产生出 $g_R > 0$ 的结果。由于这个思路有把自然资源变为资本品的环节，所以，模型设定要稍微复杂一点。

假设新资本品的生产需要使用自然资源和 v_t 比例的资本存量，从而资本积累方程是：

$$\dot{K}_t = B_t (v_t K_t)^{\alpha} R_t^{1-\alpha} - \delta K_t \qquad (4-10)$$

其中，B_t 是新资本品生产的技术水平，假设它以速率 $g_B > 0$ 外生增长，剩余的 $1 - v_t$ 比例的资本与劳动力 L_t 一起，形成最终产品，且最终品全部用于消费：

$$Y_t = C_t = A_t ((1 - v_t) K_t)^{\beta} L_t^{1-\beta} \qquad (4-11)$$

其中，A_t、L_t 分别以速率 g_A、n 外生增长；参数 α、β 分别为两个生产过程中资本要素的产出弹性。社会计划者选择 R_t、v_t、C_t，在（4-4）、（4-10）、（4-11）式的约束下最大化（4-2）式的目标函数。

用最大值原理进行推导，可计算出 K_t、R_t 在 BGP 上的增长速率：

$$g_K = \frac{g_B}{1-\alpha} - \rho$$

$$g_R = -\rho \qquad (4-12)$$

由 $g_R = -\rho$ 再次看到，资源消耗量在长期是下降的。虽然有多种技术进步的因素可减少经济系统对自然资源的依赖，但它们都作用在产出的提高上，而不是作用在资源的节约上，故所得的结论仍然与事实不符。此时，资本存量与总产出是有可能呈现为正增长的。

三、引致创新

引致创新的思路对于构造出 $g_R > 0$ 的结果，是最有吸引力的。但是这里不能给出一个完全体现引致创新机制的模型。原因在于，若要把其中的故事以数学语言表述出来，则需构造出一个内生周期模型。新资源的开发或勘探随着价格的周期性变化而变化，将要求把经济周期的形成在模型系统中表现出来，这意味着建模难度将会很高。Nordhaus（2008）提到，构造引致创新的模型是极其困难的。迄今为止，文献中都还没有做到这一点。[1] 因此，本书采取一种退而求其次的方式来体现引致创新。

在建模之前，不妨来思索一下引致创新的含义。当原有资源的价格上升时，微观主体有越来越大的激励去寻找替代物。这暗含着对资源约束式的一个重要改变——资源储量不是不可以改变，它是可以增加的。不妨这么来理解，化石能源等不可再生资源的种类有很多，同一大类下还可细分为许多小类；我们可以想象存在一个资源总量函数，它是把各种资源以CES 函数形式合成的抽象资源，那么引致创新机制就相当于资源种类的扩大。这将导致抽象的总量资源在数量上的增加，从而资源总量并不是恒定不变的一个常数。更何况，在宏观层面上，原有类型的资源还可以经由勘探过程而导致已探明储量的增加。这两种方式都意味着，资源总储量在现实当中并不是恒定不变的。所以，这里引入资源总储量的外生增长，作为对引致创新的一种近似表达。

出于求解的方便，这里改用离散形式来表述模型。假设 S_0 的增速为 $g_0 > 0$，引入资源储量外生增长的 DHSS 模型，则可表述为如下的形式：

$$\max_{C_t, R_t} \sum_{t=0}^{+\infty} \rho^t \log C_t \tag{4-13}$$

$$\text{s. t. } K_{t+1} = AK_t^\alpha R_t^{1-\alpha} - C_t + (1-\delta)K_t \tag{4-14}$$

$$R_0 + R_1 + \cdots + R_t \leq S_0(1+g_0)^t, \forall t \tag{4-15}$$

用拉格朗日乘子法求解上述问题，可得：

$$R_{t+1} = \rho R_t \tag{4-16}$$

如果仅仅从（4-16）式看，资源使用量仍然是下降的，S_0 外生增长也是如此。但是，如果把（4-16）代入（4-15）式，则有：

---

[1] 参见 *Nordhaus*（2008：34-35）.

$$R_0 = (1-\rho)\lim_{t\to\infty}S_0(1+g_0)^t \qquad\qquad (4-17)$$

（4-17）式意味着在有效率的资源使用路径下，最优的初始资源使用量 R_0 将为无穷大，但这显然违反了（4-15）式的约束条件（$R_0 \leqslant S_0$）。这表明，即使资源储量是可变的，经济系统对资源的使用也总是以越在前期越多消耗为更优。如果资源可以在前后期之间调用的话，那么期初的使用量就是无穷大。当然，这种可能性在现实世界并不存在。

关于让总储量外生增加的做法，Dasgupta & Heal（1974）做过近似的分析。它让每一期的资源储量增加一个固定数额 M，所得的结果是，最优的路径将分为两个阶段：第一阶段是资源消耗量逐渐下降，直至把 S_0 消耗光；第二个阶段资源消耗量保持恒定不变，为每期的新注入量 M。而在引致创新的机制中，资源储量的增加并不是连续的，而且增加量可变，这类似于 Leung（2009）论文中的例9。此时，模型将不存在最优解，至少不存在内点解。也就是说，以资源储量外生增长来体现引致创新思路的做法，除了带来难以准确把握的角点解外（微观主体会倾向于把现有的资源储量用光），将难以获得其 BGP 的求解结果。这表明，此方式在建模上是不可沿用的。

第四节　化石能源使用量呈现上升趋势的原因分析

在前面几个模型中，对资源使用量的长期趋势的预测均为 $g_R < 0$。我们还在这几个模型基础上尝试了多种变型，结果仍是相同的。在各种各样的建模努力都失败后，迫使我们思索问题到底出在哪里。最终，我们将怀疑的眼光投向了资源约束的（4-4）式。它是不是必要的呢？如果引致创新允许资源储量的外生增长，即用（4-15）式替代（4-4）式，那么，就与众多模型所使用的资源储量固定不变的设定互相冲突。鉴于引致创新有经验证据的支持（Newell et al.，1999），而且已探明的资源储量的确是在增长的，那么，更接近现实的。是（4-15）式而非（4-4）式。而（4-15）式包含了一个与人们日常直觉不那么相符的前提：不可再生资源的

储量不是固定不变的。

不可再生资源的总储量可以持续增加，没有上限的限制，这种提法似乎与人们的直觉相悖，因为人们往往认为，地球就这么大，任何资源都不可能增长至无穷。不过，这里可提出两点来争辩。首先，对于不可再生资源的可触及范围，没必要仅仅局限于地球。外太空有着几乎无穷无尽的资源，科技的发展使得人们迟早有一天能够接触到它们。再者，（4-15）式中的资源总储量 $S_0(1+g_0)^t$ 不必理解为单独一种资源的总储量，而是可理解为把各类资源合成在一起的抽象资源，比如化石能源是一种通过 CES 函数形式把石油、煤炭、天然气合成起来的总能源形式。把上述两点结合起来，不可再生资源总储量可以增加的潜在可能情况是：一方面，某种具体形式的能源储量可通过勘探过程而增加。这个勘探过程可以往深海发展，那里有着庞大的储量。另一方面，有可能发现新形式的不可再生能源。它们有可能就在地球上，也有可能在地球之外。这两个方面都可以使得抽象形式的资源总量增加。

进一步看，（4-4）式和（4-15）式中隐含着一个容易被人忽略的假设：经济系统可在一个时期当中把所有已探明的资源储量消耗光；即使这不是最优的，但是模型的设定使得这种可能性是存在的。虽然（4-15）式不允许资源从后期借到前期来使用，不过在前期人们却可以想用多少现有储量就用多少。然而，这个假设与现实相符吗？现实世界中的各类资源各存在一定的已探明储量。人们能在一年中把它们都消耗完吗？即使以十年为一期，即使人们存在这样的主观意愿，问题是，人们能做得到吗？以直觉上看，要在一年甚至十年之中把所有已探明的化石能源储量开采完毕并消耗于经济活动中，潜藏了太多的困难。最容易想到的一点是，抽取资源的机器、设备、矿井或建筑数量不足。如果无法做到在一期里把已探明储量的资源全部开采出来，那我们使用（4-4）式或（4-15）式的理由还能成立吗？

上述思辨带来了一个重要的启示：资源开采和供应的瓶颈并不是资源的已探明储量，而是配置在资源储藏地的生产要素的数量。如果没有钻探平台，石油就抽不出来；如果没有管道，天然气就输送不了；如果不安装升降井，煤炭也很难挖出来；修路到资源所在地，道路就是一种资本品。资源储量对资源开采的限制，其实是宽松的；我们很难在几年时间内就把一个储存点的资源全部开采出来。原因在于，资源的开采是资本密集型的，往往要求事先有足够多的资本品配置在资源储藏地（Krautkraemer，1998）。要开采出更多的资源，就必须配置足够多的资本品和劳动力到资源储藏地。有的文献采用的是以资源开采成本为凸函数的假设。这可视为相应的开采设备未能到位从而需要更密集地使用劳动力作为资本替代的表现。比如，随着矿井深度的加深，要挖出更多的煤炭，要么支付更多的劳动成本、承担劳工殒命的更大风险，要么将足够多的资本品跟进铺设，这些都是成本加速上升的来源。

在此，本书的主要观点是，资源储量的约束条件（4-4）式或（4-15）式，对于包含不可再生资源的一般均衡建模，并不是必要的；取而代之的设定方法可以是，资源的供给需占用经济系统中的生产要素（即资本和劳动）。放弃（4-4）式或（4-15）式，相当于去掉了资源储量在每一期对经济系统的限制，因为它们并不构成限制；对资源开采量构成限制的，是资源开采部门占用的生产要素的数量。

从生产要素配置的角度来理解不可再生资源的抽取，与前面所述的放松不可再生资源储量上限约束的做法，是兼容相通的。一方面，对于已存在的资源形式，新的资源储藏地的勘探要靠人员与资本的结合才可实现；另一方面，新资源的开发和利用也需要投入人力和物力。这两类活动可增大抽象意义上的资源总储量，而它们所占用的生产要素数量构成资源向市场供应过程中所占用生产要素的一部分。如果把它们视为资源供应的关联环节，那么只要将生产要素配置于资源供应上，资源储量就可通过资源勘探和新资源开发这两种机制而得以增加。因此，当我们使用生产要素配置在资源开采的设定中时，资源储量增加的可能性就已暗含其中了。但需要注意的是，要素的配置并不是没有代价的。至少，边际上的机会成本必须加以考虑。生产要素配置在资源开采上所获得的收益，必须与配置在其他活动上的收益相等。如果较低，要素就会流出。因此，生产要素在资源供应方面的配置数量并不是必然会增加的。在包含资本积累和经济增长的环境中，资源的开采与要素的配置将有什么样的表现呢？下面通过一个分散经济的一般均衡模型来展开定性观察。

在分散经济下，存在三个代表性的行为主体（最终品厂商、资源供应商和家户）和两种生产要素（资本和劳动力）。资源供应商需租用一部分资本品并雇佣全部劳动力，以形成不可再生资源的供给；最终品厂商购买自然资源，租用剩余部分的资本品，形成最终产品；家户出租所有资本品和劳动力，将收入用于购买最终产品。

一、最终品厂商

最终产品的生产函数是：

$$Y_t = A_t (K_t^F)^\alpha R_t^{1-\alpha} \qquad (4-18)$$

其中，K_t^F 为最终品部门所租用的资本数量。在竞争性市场上，代表性厂商由如下的优化问题形成对 K_t^F 和 R_t 的需求：

$$\max_{K_t^F, R_t} A_t (K_t^F)^\alpha R_t^{1-\alpha} - r_t K_t^F - P_t R_t$$

由一阶条件则有：

$$r_t = \alpha A_t \left(\frac{R_t}{K_t^F} \right)^{1-\alpha} \qquad (4-19)$$

$$P_t = (1-\alpha) A_t \left(\frac{K_t^F}{R_t} \right)^\alpha \qquad (4-20)$$

二、资源供应商

（4-20）式代表了最终品厂商对自然资源的反需求函数。在资源供给方面，这里与传统的研究方式不同的是，资源不再有储量的限制，资源的采集也不再是零成本的，而是要占用经济系统中的生产要素，这意味着资源的供给成本会随着经济环境的变化而发生改变。

资源供应的生产函数是：

$$R_t = B_t (K_t^R)^\beta \bar{L}^{1-\beta} \qquad (4-21)$$

其中，B_t 是资源供应行业的全要素效率，K_t^R 为该行业使用的资本数量，$\bar{L}$ 为劳动力数量。为简便起见，这里假设仅资源供应部门使用劳动力，而且劳动力数量是一个固定值 $\bar{L}$。[①] 在竞争性市场上，代表性的资源供应厂商由如下的优化问题形成对 K_t^R 和劳动力的需求：

$$\max_{K_t^R, \bar{L}} P_t B_t \left(K_t^R \right)^\beta \bar{L}^{1-\beta} - r_t K_t^R - \omega_t \bar{L}$$

由一阶条件有：

$$r_t = \beta B_t \left(\frac{\bar{L}}{K_t^R} \right)^{1-\beta} P_t \tag{4-22}$$

$$\omega_t = (1-\beta) B_t \left(\frac{K_t^R}{\underline{}} \right)^\beta P_t \tag{4-23}$$

其中，ω_t 为劳动力的实际工资。

三、家户

代表性家户的行为与标准新古典增长模型中的相同，出租资本 K_t 和劳动力 $\bar{L}$，所得收入用于消费和资本积累，即：

$$\max_{C_t} \int_0^{+\infty} \log(C_t) e^{-\rho t} \mathrm{d}t$$

$$\text{s. t. } \dot{K}_t = r_t K_t + \omega_t \bar{L} - C_t - \delta K_t \tag{4-24}$$

由最大值原理可推出跨期优化方程：

$$\frac{\dot{C}_t}{C_t} = r_t - \rho - \delta \tag{4-25}$$

四、均衡

市场均衡下，将有资本市场出清，即：

$$K_t = K_t^F + K_t^R \tag{4-26}$$

劳动市场因劳动力供给无弹性，自动出清。

---

① 若将模型的环境设定修改为最终品部门也使用劳动力以及假设劳动力数量外生增长，这不会改变模型在资源采集量上的预测。行文中所用的模型设定更简洁。

五、平衡增长路径（BGP）

定义 $v_t = \dfrac{K_t^F}{K_t}$，则 $1 - v_t = \dfrac{K_t^R}{K_t}$。相应地，（4-19）式、（4-20）式、（4-22）式可改写为：

$$r_t = \alpha A_t \left(\frac{R_t}{v_t K_t} \right)^{1-\alpha} \tag{4-27}$$

$$P_t = (1-\alpha) A_t \left(\frac{v_t K_t}{R_t} \right)^{\alpha} \tag{4-28}$$

$$r_t = \beta B_t \left(\frac{\overline{L}}{(1-v_t) K_t} \right)^{1-\beta} P_t \tag{4-29}$$

若 BGP 是存在的，那么，由于 v_t 和 $1-v_t$ 不可能同时以恒定速率变动，所以将有它们两个在 BGP 上为常数的推论，即 $g_v = g_{1-v} = 0$。由（4-25）式可知，在 BGP 上，资本边际报酬 r_t 为常数 r^*。进而，可从（4-27）式—（4-29）式推知内生变量 K_t、R_t、P_t 在 BGP 上的关系式为：

$$g_A + (1-\alpha) g_R = (1-\alpha) g_K \tag{4-30}$$

$$g_P = g_A + \alpha(g_K - g_R) \tag{4-31}$$

$$g_B + g_P = (1-\beta) g_K \tag{4-32}$$

其中，参数 g_A、g_B 分别为最终品部门和资源供应部门的广义技术进步率。由（4-30）—（4-32）式可计算出 K_t、R_t、P_t 在 BGP 上的变动速率如下：

$$g_K = \frac{g_B}{1-\beta} + \frac{g_A}{(1-\alpha)(1-\beta)}$$

$$g_R = \frac{g_B}{1-\beta} + \frac{\beta}{(1-\alpha)(1-\beta)} g_A$$

$$g_P = \frac{g_A}{1-\alpha}$$

由于在经验上通常有 $g_A > 0$、$g_B \approx 0$，从而有 $g_K > g_R > 0$。$g_R > 0$，这就是本书所力图达到的理论预测。这是在前述设定环境下都得不出来的一个重要结果。由于它与人们所观察到的经验事实一致，所以，此模型所借助的机制可以作为理解不可再生资源数量特征的较好视角。而且，由于 $g_K = g_Y$，而 $g_K > g_R$，于是有资源使用强度的长期趋势 $g_{R/Y} < 0$。这也是与经验事实相符的。

第五节　模型拓展

一、结合要素配置与资源储量约束的模型拓展

既然上一节的模型可以产生出 $g_R > 0$ 的预测，那么一个有趣的扩展是，如果重新加入（4-4）式的资源储量约束，会出现怎样的结果呢？为此，我们将前面的模型框架修改一下。

家户拥有资本和不可再生资源两种资产，并在每期出租资本和出售一部分自然资源，用收入购买最终品。其优化问题为：

$$\max_{C_t, R_t} \int_0^{+\infty} \log(C_t) e^{-\rho t} \mathrm{d}t$$

$$\text{s. t. } \dot{K_t} = r_t K_t + P_t R_t - C_t - \delta K_t$$

$$\int_0^{+\infty} R_t \mathrm{d}t = S_0$$

能源供应商从家户购买自然资源，并租用一部分资本 K_t^R，形成能源供给 E_t，即 $E_t = B_t (K_t^R)^\beta R_t^{1-\beta}$。它面对的优化问题是：

$$\max_{K_t^R, R_t} P_t^E B_t (K_t^R)^\beta R_t^{1-\beta} - r_t K_t^R - P_t R_t$$

其中，P_t^E 是能源的市场价格，B_t 是能源行业的全要素效率水平，假设它以速率 g_B 外生增长。

最终品厂商购买 E_t，租用剩余部分的资本品 K_t^F，形成最终产品 Y_t，并出售给家户。其优化问题为：

$$\max_{K_t^F, E_t} A_t (K_t^F)^\alpha E_t^{1-\alpha} - r_t K_t^F - P_t^E E_t$$

市场均衡条件为 $K_t = K_t^F + K_t^R$，求解 BGP，可得：

$$g_R = -\rho$$

$$g_K = \frac{g_B}{1-\beta} + \frac{g_A}{(1-\alpha)(1-\beta)} - \rho \qquad (4-33)$$

从（4-33）式可看到，虽然实体经济有可能实现正的增长，但是资源使用量却再次是递减的。这表明，只要有（4-4）式所代表的资源储量有限的约束条件存在，就不可能获得 $g_R > 0$ 的预测，从而也支持了本章所提出的在理论建模中去掉（4-4）式的观点。

二、资源厂商为垄断的情形

前面的所有模型考虑的都是竞争性的市场环境。鉴于化石能源的经营多带有一定的垄断色彩，那么，如果将前面的竞争性市场进行修改，让资源供应厂商变为垄断厂商，同时保留资源储量有限的约束，会不会使资源抽取呈现出上升趋势呢？把这两者同时纳入模型，早在 *Stiglitz*（1976）中就已有过探讨。从其局部均衡框架的分析结果看，垄断市场与竞争性市场相比，内生变量的变动轨迹虽然有一些差异，但是总体特征是相同的。那么，如果对前面的模型做进一步的扩展，一般均衡框架下垄断因素的加入，会导致内生变量的趋势特征呈现出与竞争性市场下相反的结果吗？下面用一个分散经济模型进行考察。

代表性家户拥有资本 K_t 和劳动力 $\bar{L}$，但是不可再生资源由资源厂商所有并垄断经营。由于企业的股权最终掌握在家户手中，所以，可假设垄断厂商的经营利润 π_t 以总量转移的方式转给家户。家户以（4-2）式为目标函数，预算约束式为：

$$\dot{K}_t = r_t K_t + \omega_t \bar{L} - C_t - \delta K_t + \pi_t \qquad (4-34)$$

由动态优化方法可再次推导出（4-25）式，并进而推导出如下关于贴现率的方程：

$$e^{-\int_0^t r_t dt} = \frac{C_0}{C_t} e^{-(\rho+\delta)t} \qquad (4-35)$$

最终品厂商的生产函数仍然为（4-18）式，由静态优化可求出对资本品和资源的反需求函数，形式也依旧是（4-19）、（4-20）式。

资源厂商的生产函数仍为（4-21）式。不同之处在于，资源厂商拥有对资源储量 S_0 的垄断经营权，其优化问题是在（4-4）式资源储量约束下最大化利润流的贴现和：

$$\max_{K_t^R} \int_0^{+\infty} (P_t(R_t) \times R_t - r_t K_t^R - \omega_t \bar{L}) e^{-\int_0^t r_t dt} dt \qquad (4-36)$$

将（4-20）、（4-35）两式代入（4-36）式，将（4-21）式代入（4-4）式，垄断厂商的问题呈现为如下的形式：

$$\max_{K_t^R} \int_0^{+\infty} ((1-\alpha)Y_t - r_t K_t^R - \omega_t \bar{L}) \frac{C_0}{C_t} e^{-(\rho+\delta)t} dt \qquad (4-37)$$

$$\text{s. t. } \dot{S}_t = -B_t (K_t^R)^\beta \bar{L}^{1-\beta} \qquad (4-38)$$

用动态优化求解，可得出 BGP 结果如下：

$$g_R = -(\rho+\delta)$$

$$g_P = \frac{g_A}{1-\alpha}$$

$$g_Y = \frac{g_A}{1-\alpha} - (\rho+\delta) \qquad (4-39)$$

可见，当资源储量固定且资源是垄断经营时，资源开采量反而下降得更快。其中的直觉是，厂商会在前期多开采，以使得资源在后期变得更稀缺，从而厂商可通过索要更高的垄断售价来牟利。考虑垄断因素不仅没有出现资源使用量上升的结果，反而导致其更快地下降。

三、其他考虑

一个可能的疑问是，既然模型结果总是和参数 ρ 有关，那么，为什么不可以通过假设它小于 0 而不是大于 0 来获得想要的结果呢？如果希望 $g_R > 0$，只要让 $\rho < 0$，不就行了吗？要解释为什么总是假设 $\rho > 0$ 并不是一件简单的事情，这里只给出一点简要的说明。目标函数（4-2）式中时间贴现因子 ρ 大于 0，其经济学含义是，同样一单位效用，未来的比现在的在重要性上要低一些。这意味着，在前后两代人之间，前一代人的效用比后一代人的要高。这种做法受到了 Rawls（1971）的批评；在人人平等的思想下，他的主张可转化为 $\rho = 0$ 的参数设置，即任何时代人的福利评价尺度不存在谁比谁更重要的差别。Solow（1974）的论证是，如果 Rawls 是对的，则由经济学模型将推导出资本存量下降并逐渐消耗光的反常结果。Rawls 的思想和 Solow 的争辩引出了福利的代际公平问题，在此不可能深入探讨。可以联想的是，如果假设 $\rho < 0$，固然可推导出 $g_R > 0$，但在其他方面很可能有更反常的结果出现，比如，资本存量消耗殆尽的速度更快。试图通过修改参数值来改变模型预测的做法，是不可取的。

文献中另一个值得注意的做法是，在保留资源储量约束的同时，让资源储量作为资源生产函数的一个生产要素（Smith & Wisley，1983），比如：

$$R_t = B_t \left(K_t^R \right)^\beta S_t^{1-\beta} \tag{4-40}$$

这个设定方式有它诱人的一面，即：它把资源开采与资源储量联系了起来。这是第四节的模型容易遭人质疑的一个地方。不过，如果仔细思索（4-40）式的含义，会发现前文的争辩仍然适用。如果资源储量低，则资源开采量肯定不高，此时，资源储量的约束在微观层面是存在的。但是，如果资源储量高，则它对资源开采量将不会产生什么影响；有影响的因素还是资本和劳动力的配置。即使试图在模型中体现出资源储量对资源开采的影响，也不适宜采用（4-40）式的设定方式。

第六节 本章小结

如果获得一块蛋糕，一定时间内的最优吃法是怎样的？数学推导告诉我们，在特定的环境下，蛋糕的最优吃法是以时间贴现率的速度下降（Gale，1967）。化石能源这类不可再生资源，因其直觉上的总储量有限性而容易被视为是另一种类型的吃蛋糕问题。在资源经济学的各种模型结构下，都可得出资源最优消耗路径和蛋糕的最优吃法相类似的结论。可是，我们在现实中观察到的资源生产总量和消耗总量却呈现为增长的长期趋势。这种"蛋糕越吃越多"的现象，与理论模型的预测相悖，故不妨称之为资源抽取之谜。

为解释这个谜题，我们探索了多种建模思路。结果发现，在资源储量固定不变的约束下，始终无法得出与经验事实相一致的理论预测；若放弃这一约束，改而借助不可再生资源的供应需占用经济系统中生产要素的设定，则可以做到这一点。人们的日常直觉也许忽略了一个细节，即：不可再生资源的供应必须以生产要素事先配置到资源所在地为前提，而这一细节恰恰是理解不可再生资源的宏观总量特征的关键。此外，引致创新思路因资源总储量可增加，也有可能产生出资源使用量呈现上升的长期趋势的预测，不过对该思路的成功建模并非易事。

本章的思辨为气候变化的研究提供了一个新的基准框架。从经济学角度探讨全球变暖的主流工具是气候变化综合评估模型（IAM）（Kelly & Kolstad，1999）。现有的 IAM 模型均基于环境经济学的设定传统，即，假设只要有一些投入，就可以把二氧化碳像其他污染物质那样收集或处理，从而实现减排。鉴于物质守恒法则和二氧化碳具有难以通过光化学或化学作用去除的惰性，我们提出了一个与上述传统相竞争的建模思路——若要降低人为的碳排放量，思索的重点应放在作为排放源的化石能源的使用数量上。第四节的模型足够简洁、透明，可拓展为适合各种建模目的的 IAM。这一类 IAM 具有更好的微观基础。它们在判断未来碳排放量和气候变化上会带来怎样的预测呢？这就是接下来的章节的内容。

说明：本章内容由李宾（2012）整理而来，即发表在 2012 年 10 月份《经济学（季刊）》上的《为什么蛋糕越吃越多——对化石能源消耗量呈现为增长趋势的分析》一文。

第 五 章

>>> 全球最优碳税的一个定量估算

第四章是在现有气候变化评估模型（IAM）的一个重要设定环节上提出了新的视角，而本书的后续内容，则是从不同的方面来把上述改变放入 Nordhaus 的气候变化综合评估模型中。此章是第一个应用：把 Nordhaus 的 DICE 模型修改为 DICE-E 模型，用来估计全球最优碳税的水平和未来轨迹。这个工作是每一个 IAM 模型都必须要做的；它也是 IAM 模型所擅长的方面。

概括性地看，由于碳排放具有全球外部性，因而碳减排需要关于全球最优碳税的估计。本章在 Nordhaus 的 DICE – 2013R 模型基础上构造出一个把化石能源消耗内生化的 DICE-E 模型，并更新了参数校准和初始值设定。数值模拟表明，2010 年的全球最优碳税水平为每吨碳 91.9 元（2010 年价），稍低于 DICE – 2013R 的估计，但碳税的攀升速度比 DICE – 2013R 快得多。若碳税在 2015 年左右开征，则基于本章的计算可给出这样的建议——以 93 号汽油为例，碳税从每升 0.1 元起步，每年提高 1 分钱，至 2020 年提高到 0.15 元。

第一节　最优碳税的由来与意义

在气候变暖的背景下，每一吨二氧化碳的排放都将增加整个社会在长期中面对的风险，从而碳排放是有社会成本的。如果能通过某种方式让发生碳排放的微观主体承担起来并恰好承担起这个社会成本，那么负外部性就可得以消除，资源的配置亦可达到帕累托最优水平。最优碳税（Optimal Carbon Tax），就是针对这种经济效率目标而出现的一个概念（Golosov et al，2011）；它在近年的文献中又被称为社会碳成本（Social Cost of Carbon）（Nordhaus，2011；Greenstone，et al.，2011）。

对最优碳税的估算，除了寻找理想状态的理论意义之外，还有着多重现实意义。首先，碳排放具有全球外部性，对它的治理要求国家之间的协调行动。金砖诸国固然可以游离于后京都协议的框架之外，但欧盟从2012年起对外国航空公司开征碳关税的行动则表明，发达国家并不是没有对策。西方担心，自己单方面的减排行动会导致其企业在面对未减排国家的竞争时遭受不公平的成本劣势（Aldy & Pizer，2011）。其碳关税的做法可轻易地从航空业扩展到更广阔的贸易领域（Whalley，2011）。虽然这其中存在可争辩的地方，不过换一个角度看，与其很难阻止别人强行征收碳关税，不如自己主动推行碳排放是有成本的概念。这既可激励企业和家庭减少对化石能源的消耗，① 也有助于缓解国际碳减排谈判中的压力。

其次，如果不能否认气候变暖的发生，那么，各国或迟或早都必然要采取实质性的措施推进碳减排。潜在的政策措施有多种，大致可分为行政管制、碳交易（Cap and Trade）市场、征收碳税三大类。容易被人忽略的是，前两种措施与碳税也是有重要关联的。比如，行政管制中包含对违规者处罚的内容，那么，罚款数额的制定标准是什么（Sigman，2010）？在碳交易制度下，为了避免交易价格的剧烈波动，美国加利福尼亚州自2012年起开始实行保留价格制度；用完配额数量的企业可以某个上限价格向政府购买额外的排放许可，自由交易价格也不得低于某个下限价格。那么，保留价格的制定标准又是什么？显然，对最优碳税的估算并不仅仅在征收碳税的减排方式下才有用，在其他两类方式下亦可起到借鉴作用。

最后，碳减排并不是简单地减少化石燃料使用量，还包括对研发低碳

---

① Knittel 和 Sandler（2010）的实证工作表明，征收碳税会显著影响到交通运输部门的碳排放量。

科技的支持、对受损群体或国家的补偿、对森林保护等碳汇项目的投入。所有这些都需要公共财政的支撑。估算最优碳税的水平，亦可同时估算出未来一段时期中总的碳税收入规模，进而对这笔资金的各种用途提供参考。比如，Tian 和 Whalley（2010）测算出，美国早先所承诺的为碳减排而补偿发展中国家的每年 1000 亿美元是不够的，理想数额应为 2000 亿美元。

由上可见，最优碳税并不单单停留在抽象概念的层次，它对政策实践亦能提供多方面的参考作用。例如，有了相应估算值后，可根据汽油燃烧排放二氧化碳的多少来确定每升汽油消费应缴纳的碳税，也可在国际谈判桌上对欧盟碳关税水平是否过高给出有理论根据的评价。

国外文献多采用气候变化综合评估模型（Integrated Assessment Model）来估计最优碳税。Nordhaus（2011）算出的结果是，2015 年的全球最优碳税是每吨碳 44 美元（2005 年购买力平价）。Golosov 等（2011）的结果是 Nordhaus 的 2 倍左右。Greenstone 等（2011）判断 2010 年的平均水平为每吨二氧化碳 21 美元，相当于每吨碳 77 美元。不同研究者在估算上存在差异，这至少表明这方面存在进一步研究的空间。

国内在这方面的研究尚属起步阶段。国内文献的关注点主要在以下三个方向上：第一，分析碳排放在各行业、各区域、各商品上的分布特征和影响因素，像陈迎等（2008）、林伯强和刘希颖（2010）、王锋等（2010）、张友国（2010）、王建明和王俊豪（2011）。这类分析可为碳减排政策的实施提供直接的参考。第二，有关碳减排的制度安排，比如徐玉高等（1997）、陈迎等（1999）、鲁传一和刘德顺（2002）、樊纲等（2010），这些都是有助于我国参与国际谈判和设计国内的相关制度。第三，近年来不少研究者采用一些技术性方法进行各种定量分析，诸如林伯强和蒋竺均（2009）、陈诗一（2010a，2010b）、姚昕和刘希颖（2010）、杨子晖（2010）、陈诗一（2011）、马涛等（2011），但研究主题比较分散。

本章的工作可归于上述第三个方向，并与姚昕和刘希颖（2010）一脉相承，都是根据 Nordhaus 的 DICE-2013R 模型来测算最优碳税，不过我们在模型设定上做了较多的改动，在参数和初始值的赋值上进行了更新。主要创新之处在于，化石能源的供应得以在经济系统模块内生化，从而碳排放量的计算可直接用一个系数乘上化石燃料的使用量。这样的设定源于物质守恒定律，比现有文献中常见的让碳排放量与产出或资本存量相关联的做法，更有微观基础。而且，从该设定可得出化石燃料消耗量在长期中呈现为上升趋势的推论。这与图 5－1 所示的经验事实是一致的。之所以能做到这一点，是因为在模型中放弃了资源储量总量限制的假设；若保留此假设，则无论怎样都将得出相反的推论（李宾，2012）。我们的做法与 Hass-ler & Krusell（2012）对煤的处理方式是相近的，区别在于这里把所有的化石能源都视为没有储量上限的约束。

　　鉴于本章模型与 DICE 有着紧密的联系，所以我们把文中所用的 IAM 模型称为 DICE-E 模型，即内生了化石能源供应的 DICE 模型。本章结构如下。第一节是概念介绍；第二节介绍 DICE-E 模型的设定；第三节校准模型中的参数，给出各状态变量的初始值；第四节报告基准情形的数值计算结果，分析 DICE-E 与 DICE－2013R 在碳税预测上产生差异的原因；第五节为小结。

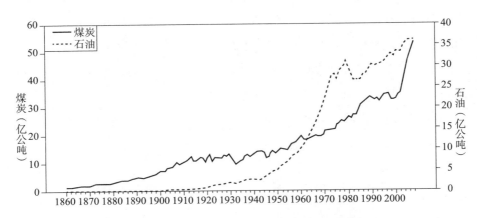

图 5－1　全球煤炭和石油的消耗量（1860—1949 年）和生产量（1950—2008 年）

　　说明：1860—1949 年的数据根据 Keeling（1973）的表 11 和表 14 计算而得，1950—2008 年的则基于联合国能源统计数据库汇总而得。此图是为了说明两种主要化石能源的消耗量和生产量呈现为上升的长期趋势（天然气亦然）。

第二节　DICE-E 模型

　　IAM 是国外经济学界从宏观角度把握气候变化的主流工具。它以新古典增长框架为基础，扩展至气候变化领域。其基本结构是：经济系统在运转过程中产生二氧化碳，二氧化碳的累积使得大气环境系统发生变化，这种变化再影响到经济系统，形成一个循环。DICE 模型是 Nordhaus （1994）构造的一个 IAM，在已出现的 20 多个 IAM 中具有较强的竞争力，并处于不断的升级进程中（向国成等，2011）。不少研究者直接基于 Nordhaus 的工作展开自己的分析。比如，Millner 等 （2010） 使用 DICE 来定量评估信念的模糊性对碳减排和经济福利的影响。Davies 等 （2011） 借助 DICE 的孪生模型 RICE，研究如何用碳税收入缩小各国贫富差距。

　　本章模型跟进于 DICE 模型的最新版本——DICE－2013R。它采用相对简洁的视角，仅观察帕累托有效市场环境下的变量轨迹：包括温室气体排放在内的所有物品、服务，不管是有形的还是无形的，都处在完全竞争的市场机制中；所有市场均不存在任何摩擦；全球所有国家都为实现最优的碳减排而完全合作。对这种理想环境的考察可为理解现实环境提供一个基准。与 DICE－2013R 不同的是，这里把化石能源的消耗内生地表达了出来，并且该消耗量的长期特征呈现出与现实相一致的递增趋势，从而对碳排放量的刻画有了更好的微观基础。

一、经济系统模块

　　经济系统由三个代表性行为主体构成：最终品厂商、能源供应厂商、家户。家户拥有资本品和劳动力，按照市场价格将要素出租给两类厂商；最终品厂商除了从家户租用一部分资本、雇佣一部分劳动力之外，还需要购买化石能源，后者由化石能源供应部门的厂商租用余下的资本、雇佣余下的劳动力而提供出来。

（一）最终品部门

假设最终品部门的生产为柯布—道格拉斯型的函数：

$$Y_t = (1 - \Lambda_t) A_t (K_t^F)^\alpha (L_t^F)^\beta (e^{-\eta T_{AT}^2(t)} N_t)^{1-\alpha-\beta} \tag{5-1}$$

其中，Λ_t 为碳减排的成本占总产出的比例；它为外生变量，其函数形式在后文可见。A_t 为最终品部门的全要素生产率，K_t^F、L_t^F、N_t 分别是最终品生产过程中所使用的资本、劳动力和化石能源的数量，参数 α、β 分别为资本、劳动的产出弹性。$T_{AT}(t)$ 是地表气温偏离正常水平的幅度，η 为体现气候变化影响效果大小的参数。

（5-1）式把气温偏离幅度的平方放到指数函数中并与化石能源消耗量相乘，隐含了气候加速变暖的倾向——若初始的偏离幅度 $T_{AT}(0) > 0$，则化石能源消耗较多，相应地，下一期气温变得更高，继而在未来将消耗更多额外的化石能源。在这样的恶性循环下，气候将越来越暖和。Deschenes & Greenstone（2011）提到，美国全境平均气温一年之中高于 33℃ 的天数将从 1.3 天增加到 32.2 天。这势必会增加化石能源消耗，以维持适宜的生活环境温度。如果做不到这一点，则产出的下降恐难避免，比如非洲地区产出水平低的一个原因就是太高的气温使得人们工作意愿低下，而他们又没有足够的经济资源来抵消这种不利影响，甚至过高的气温还导致了非洲内战频发（Burke, et al., 2009）。

（5-1）式的设定方式在渊源上沿袭自 Weitzman（2008）、Golosov 等（2011）的文献。之所以使用气温变化的平方项而不是绝对值或者四次方，是因为由平方项计算出的气温变暖对经济系统的损害，与根据 DICE-2013R 的多项式倒数的设定所计算出的，可在较大气温偏离范围内都很接近；若使用绝对值项，则随着气温的持续上升，损害的攀升速度大大慢于 DICE-2013R；若使用四次方的形式，则会更快。

从最终品厂商的静态优化问题，可推出其对各种投入品的反需求函数。

（二）化石能源供应部门

化石能源从资源的开采到向市场的供应，也需要占用资本和劳动力。

其生产函数如下：

$$N_t = B_t (K_t^N)^\gamma (L_t^N)^{1-\gamma} \qquad (5-2)$$

其中，K_t^N 是化石能源供应部门所租用的资本品，L_t^N 为其所雇佣的劳动力，B_t 是该部门的全要素生产率，γ 为资本产出弹性。

需要注意的是，这里放弃了资源储量有限的约束条件。其背后的理由是：如果把从资源勘探、开采、冶炼到销售、新能源开发等所有环节抽象为一个能源供应的过程，那么，在该过程中配置的生产要素（资本和劳动力）的数量，就决定了能源的供应数量；资源的储量约束仅仅对一个特定开采点有效，在宏观上资源的储量可以通过新资源地的勘探和新能源科技的开发而增加，决不是固定不变的。若坚持使用最早源自 Hotelling（1931）的资源储量有限约束，则资源消耗量的长期趋势总是下降的（李宾，2012），但这与图 5-1 所示的经验事实相反。Hassler & Krusell（2012）等文献认识到 Hotelling 法则在现实中并不成立，开始在模型中尝试绕开资源储量有限的约束，而本书将这种处理思路贯彻得更为彻底。

（三）家户

家户的优化问题即为新古典增长模型中的标准问题。其目标函数是：

$$\max_{C_t} \sum_t \frac{L_t}{(1+\rho)^t} \frac{(C_t/L_t)^{1-\sigma}}{1-\sigma} \qquad (5-3)$$

其中，参数 ρ 为社会时间偏好率，σ 为消费的边际效用弹性。由于劳动力 L_t 被假设为外生变动，所以，目标函数虽然以人均消费为基础，其实还是依据对总量消费的选择来最大化目标函数。家户所面对的约束条件是：

$$K_{t+1} = r_t K_t + \omega_t L_t - C_t + (1-\delta) K_t \qquad (5-4)$$

其中，参数 δ 为资本折旧率。（5-4）式的含义是，家户借助两种要素收入之和，配置消费和投资。由于这里将借助数值方法进行模拟计算而不是做理论分析，故不列出家户的跨期优化方程。

（四）均衡条件

该模型的均衡条件为两个要素市场出清：

$$K_t = K_t^F + K_t^N, \quad L_t = L_t^F + L_t^N \qquad (5-5)$$

二、气候变化模块

这里从温室气体的排放开始，依次介绍气候变化模块的各个环节。

（一）化石能源的碳排放

多个文献都提到，碳排放量与化石燃料的消耗之间存在着固定比例关系，比如 Levinson（2010）、Böhringer 等（2011）。由于数据中的化石能源消耗总量包含了不同种类的化石燃料，从而与该总量相对应的碳排放系数不能直接计算出来。从世界银行 WDI 数据库可获得全球能源使用总量和化石能源所占比例的序列，由此计算出化石能源的消耗总量，再由 CDIAC 获得源自于化石能源消耗的二氧化碳排放量序列。两个序列重叠的年份是1971—2008 年，用它们做计量回归，结果如下：

$$E_t = 0.894 \times N_t$$

$$t\ (431.4)$$

其中，E_t 是碳排放量；回归系数下括号内的数字是 t 统计量。做回归的过程中，若包含截距项，则不能拒绝截距项为零的原假设，所以，这里展示的是未包含截距项的回归结果。显然，斜率项是统计显著的。

（二）碳循环

在碳循环等随后几个环节上，基本上借鉴了 Nordhaus（2008）的设定。二氧化碳在自然界的储备被分为三个区域：大气层、地表层（包括海洋浅层和生物圈）、深海层。其中，深海层的储备数量是前两层之和的好几倍。二氧化碳在相邻两层之间均有流动；大气层与深海层之间则不发生直接的流动。以 $M_{AT}(t)$、$M_{UP}(t)$、$M_{LOW}(t)$ 分别表示大气层、地表层和深海层的二氧化碳含量。碳循环过程可由下面的简化式矩阵方程来描述：[1]

---

① 需要说明的是，与经济系统通常以一年为观察时段所不同的是，碳循环的流动频次是以十年为一期。因此，(6) 式中的"t"与经济系统中的"t"的含义是不同的。这种差别在数值模拟程序中会反映出来，在行文中则以表述概念为主。

$$\begin{pmatrix} M_{AT}(t) \\ M_{UP}(t) \\ M_{LOW}(t) \end{pmatrix} = \begin{pmatrix} E_t \\ 0 \\ 0 \end{pmatrix} + \begin{pmatrix} 0.811 & 0.097 & 0 \\ 0.189 & 0.853 & 0.003 \\ 0 & 0.05 & 0.997 \end{pmatrix} \begin{pmatrix} M_{AT}(t-1) \\ M_{UP}(t-1) \\ M_{LOW}(t-1) \end{pmatrix} \quad (5-6)$$

（三）温室效应与气温变化

大气层中碳浓度的变化，通过温室效应体现出来。这就类似于热辐射：一个白炽灯泡功率越高，灯泡附近的热量越大；二氧化碳浓度的升高相当于灯泡功率的变大。二氧化碳浓度与热辐射之间的关系由下式给出：

$$F_t = \frac{3.8}{\ln 2} \ln(M_{AT}(t) \div M_{AT}(1750)) \quad (5-7)$$

（5-7）式的含义是，大气层中二氧化碳的浓度相对于 1750 年每翻 1 倍，热辐射水平将提高 3.8 倍。这是 IPCC 报告的主要结论之一。热辐射的变化将带来地表气温和深海温度的变化，以 $T_{AT}(t)$、$T_{LOW}(t)$ 分别代表两者高出正常水平的幅度，则其简化式的动态演变方程是：

$$T_{AT}(t) = T_{AT}(t-1) + 0.22 \times (F_t - 1.267 T_{AT}(t-1) - 0.3 \times$$
$$(T_{AT}(t-1) - T_{LOW}(t-1)) \quad (5-8)$$

$$T_{LOW}(t) = T_{LOW}(t-1) + 0.05 \times (T_{AT}(t-1) - T_{LOW}(t-1)) \quad (5-9)$$

式（5-6）、式（5-8）、式（5-9）是 Nordhaus（2008）根据"大气—海洋的一般循环模型"（AOGCM）的预测，用计量方法拟合出来的。若对它们进行更为细致的考察，则需参考 Nordhaus 所借鉴的 magicc 程序。

（四）气候变化的经济影响

气候变化会对经济系统造成怎样的影响，是一个很大的研究课题，也是未来巨大不确定性的主要来源。这里采用了类似于 Golosov 等（2011）的做法，以一个指数项 $e^{-\eta(1-\alpha-\beta)T_{AT}(t)}$ 来体现气候变暖对经济系统的负面影响。DICE-2013R 对损害的设定是 $1/(1 + 0.00284 \times T_{AT}^2(t))$。$\eta$ 的校准就是在已知 α、β 的前提下，取某个特定的气温偏离幅度，比如 0.7℃，让两个损害函数相等，即可算出 η。

三、碳减排

人们可通过投入经济资源，降低能源使用过程中的温室气体排放量。以 $\mu_t \in [0, 1]$ 代表碳减排的幅度。具体的措施可以是使用太阳能等清洁能源替换化石燃料，或借助特殊设备把排放的二氧化碳留下来。为实施这些措施所需的投入由（5-1）式中的 Λ_t 来体现：

$$\Lambda_t = 0.209\sigma_t(1 + e^{-0.05(t-1)})\,\mu_t^{2.8} \tag{5-10}$$

其中，σ_t 是外生变动的二氧化碳排放系数。其初始值为 0.1342，每 10 年的变动率是：

$$g_{\sigma(t)} = -0.073 \times e^{-0.03(t-1)} \tag{5-11}$$

（5-10）式的含义是，人们要求的减排幅度越大，相应的资源投入就要越多，而且越呈现出加速增多的特征。（5-11）式的则是，σ_t 的初始变动率是下降 7.3%；之后，下降的速度以 3% 的速率变小。需要说明的是，上述对碳减排的刻画是比较粗略的。直觉上，与能源相关的碳减排最终取决于能源结构的低碳化发展，即化石能源的减少使用。而要把这点体现于模型中却并非易事，有待以后做进一步探讨。

有了碳减排的努力后，碳排放回归方程可用如下形式嵌入到模型中：

$$E_t = 11 \times 0.9^t + 0.894 \times N_t \times (1 - \mu_t) \tag{5-12}$$

其中，截距项代表由土地利用变化所产生的二氧化碳净排放量。假设它以外生方式变化，即期初每年排放 11 亿吨碳，然后下一期的是上一期的 90%。

第三节　参数与初始值的确定

前面描述了一个关于全球经济与气候变化的 IAM 模型。由于维度较高，不可能通过定性分析来获得内生变量的转移动态路径。通行的办法是借助数值计算，即对模型中的参数做校准，设置状态变量的初始值，然后用 GAMS 软件计算出未来一段时期中各内生变量的变动轨迹。本节将会说明参数和初始值是怎么确定的。

气候变化模块中的参数值已经标示在方程中。经济系统模块相对于文献，是全新的部分，其参数需要自行校准。相关参数的赋值情况见表 5-1。表 5-1 给出了两套参数和初始值。它们分别对应了这里的 DICE-E 和 Nordhaus 的 DICE-2013R 基准情形的赋值。初始年份在两个模型下并不相同，前者为 2010 年，后者是 2005 年。其中，ρ、σ 的取值在经济学所允许的合理范围之内，其目标是使得经济的长期年增长率在 2.5% 左右。δ 取 10% 为常见的折旧率设定，减排成本函数中设置了一个碳排放的累积上限参数 N：6 万亿吨。[①] 这四个参数在两个模型下是相同的；其他的大多数参数则有所差异。

表 5-1　两个 DICE 模型的参数和初始值

	本书 DICE-E	DICE-2013R		本书 DICE-E	DICE-2013R
ρ	0.015		Y_0	67.6685 万亿美元（2010）	61.1 万亿美元（2005）
σ	2		K_0	170.397 万亿美元（2010）	137 万亿美元（2005）
δ	0.1		N_0	100.4 亿吨原油当量（2010 年）	无（89.91 亿吨原油当量，2005 年）
$\bar{N}$	6 万亿吨				
α	0.446		$T_{AT}(0)$	0.713（2010）	0.7307（2005）
β	0.495	无	宏观经济资本产出弹性	0.4884（拟合）	0.30
γ	0.719		L_0	68.94 亿人（2010）	65.14 亿人（2005）
$\bar{L}$	134 亿人	86 亿人	g_{L_0}	0.125	0.35
g_{A_0}	0.11	0.092	A_0	根据初始值和（5-1）式计算	
g_B	0	无	B_0	根据初始值和（5-5）式计算	
η	0.048				

重要变量的初始值主要来自于世界银行的 WDI 数据库。其中，2010、2005 年的全球经济规模 Y_0 分别为 67.6685、61.1 万亿美元（2005 年购买

---

① Nordhaus 设置这个参数的目的是：随着太阳能等替代能源的使用价格越来越低，人们降低化石燃料消耗量的激励也将越来越强。这种激励的影响以外生的方式反映在减排成本函数中。

力平价，下同）。2010 年全球化石能源的消耗量 N_0 是 100.4 亿吨原油当量[1]；DICE – 2013R 中本不需要这一初值，但为了把两个模型做对比分析，表中也给出了 2005 年 N_0 的数值。给出 Y_0、N_0 的原因是为了计算两个部门的初始技术水平 A_0、B_0。

出于数据可得性，劳动力数量 L_0 用世界人口数代替，2010、2005 年的值分别为 68.94 亿、65.14 亿。后者比原 DICE – 2007 所用的 64.69 亿略高。基于近年的人口增长情况，初始的每十年人口增长率设为 12.5%；DICE – 2013R 中用的是 35%，这个取值明显偏高了。另外，在地球最大人口承载力 $\bar{L}$ 上，这里采用荷兰科学家 Antony van Leeuwenhoek 计算出的 134 亿。[2] 鉴于当前全球人口已超过 70 亿，DICE – 2013R 所用的 86 亿人口上限有些偏低。初始的全球气温偏离幅度 $T_{AT}(0)$ 取自于 Brohan 等.（2006），更新到 2010 年的值是气温偏高 0.713 度。

表 5 – 2　两部门要素产出弹性的估算

	最终品部门劳动份额	最终品部门能源份额	最终品部门资本份额	能源部门劳动份额	2009 年 GDP（亿美元，2005 PPP）
中国	0.3872	0.0854	0.5274	0.3094	82629
美国	0.5931	0.0329	0.374	0.303	127035
大洋洲和远东地区	0.4161	0.0368	0.5471	0.320	93050
欧盟	0.5484	0.0348	0.4168	0.276	118826
其他国家	0.4575	0.1148	0.4277	0.228	68187
全球汇总	0.495	0.059	0.446	0.281	489727

说明：使用 2009 年而非 2010 年 GDP 的原因是，成稿时该年的国别数据更齐全。

要素产出弹性、资本存量、全要素生产率变动率这些参数，不能找到现成的数据来源，需要自行估算。这个过程比较烦琐。要素产出弹性的合适估计方法是拿一个部门的要素收入数额除以该部门的产出，但这对原始

---

[1]　从世界银行 WDI 数据库可算出 1970—2009 年的全球化石能源消耗量序列。2005 年的具体数值是 89.91 亿吨原油当量，2009 年的是 95.17 亿吨。又根据 BP 公司的 2011 年世界能源统计报告，2010 年全球化石能源消耗量增长 5.5%，由此可算出 2010 年全球化石能源消耗量是 100.4 亿吨原油当量。

[2]　学术界对地球的人口上限并无一致看法。这里所取的 134 亿，是一个看起来具有现实可能性的估计。

数据的获取要求太高。比如能源部门的劳动收入数据，相当多国家的这个数据即便不是不可能也是很难找到的；而且，不同国家币别不同，要统一到购买力平价上再进行加总，又牵涉到众多国家购买力平价的估算难题。因此，这里采用一种既基于数据可得性、又兼顾口径一致的做法来估算两个部门的要素产出弹性。

具体思路是，根据 OECD 在线图书馆可提供一国之内口径一致数据的特性，先由 OECD 的数据算出部分国家的各种产出弹性，再以世界银行的购买力平价 GDP 作为权重，推算全球的相关产出弹性。其中，在计算一国的参数时，需要把总产出分为两部分，一个是能源部门的产出，另一个是从 GDP 去掉能源部门之后的产出，并整理出两部分各自劳动要素的收入数额。以劳动收入除以部门产出额，即获得该部门的劳动产出弹性。用能源部门的产出除以总产出，即为最终品部门的能源产出弹性。最终品部门的资本产出弹性是用 1 减去劳动产出弹性和能源产出弹性；能源部门的资本产出弹性则是用 1 减去该部门的劳动产出弹性。

为了便于测算，我们先把世界分为中国、美国、大洋洲和远东、欧盟、其他国家共六个区域。根据 OECD 的数据，先估算各区域的要素收入份额如表 5-2 所示。再用加权平均法推算全球口径的两部门要素产出弹性系数，最下方一行的全球汇总估算值，就是表 5-1 所取的参数值。从中可看出，只有美国的资本产出弹性接近 DICE-2013R 所用的 0.3，而对于众多的欠发达国家，资本产出弹性是相当高的。由这些参数值和 DICE-E 中的方程，可推算出全球单部门经济系统下的资本产出弹性为 0.4884。这比 Nordhaus 所用的 0.3 高出不少。

2010 年资本存量的估算是一件棘手的事情。EU KLEM 提供了部分国家的序列，[①] 不过据此计算出来的资本产出比都太高了，因此，可以自行估算。自行估算的难点在于缺少购买力平价的投资流量数据。处理的思路是，根据世界银行按国别提供的本币 GDP 和固定资本形成总

---

① 参见 http://www.euklems.net/。

额数据，猜测一个 1970 年的初始资本存量[1]，设定折旧率 10%，按简化的永续盘存法推算出历年的资本存量，计算资本产出比；取最近年份的资本产出比[2]，作为该国 2010 年的资本产出比。然后，以各国 2010 年购买力平价的 GDP 作为权重，汇总出全球 2010 年的资本产出比，得出的计算结果为 2.518。需要说明的是，整个计算过程都只能依赖可用的数十个国家的数据，并不是把全球 200 多个国家都进行计算。用全球 2010 年的资本产出比乘以全球 2010 年的总经济规模，即得表 5 – 1 中的 K_0——170.397 万亿美元。

关于 η 的取值，根据第二节所述的思路代入 α、β 的值，让期初损害额与 DICE – 2013R 的相等，算出其值为 0.048。把各种初始值代入到式（5 –1）、式（5–5），可得出两个部门全要素生产率（TFP）的初始水平 A_0、B_0。在技术进步率上，根据 Darmstadter（1997）和 Managi 等（2006），初级能源行业的 TFP 增长率在长期中大致为 0，即 $g_B \approx 0$。因此，本章最终品部门的技术进步率 g_A 可直接套用对宏观经济的 TFP 变动率的估计。

Nordhaus 把初始的每 10 年 TFP 增长率设为 9.2%。这个初值看起来低了点。OECD 在线图书馆直接提供了一些国家 TFP 增长率的估计。数据取其各国 1995—2010 这段时期的平均估计值。若把各国 TFP 增速做算术平均，则全球 TFP 年增速略微高于 1.0%；若以一国购买力平价的 GDP 占可得数据国家的经济总规模的比例作为权重，则加权平均的结果是 1.3% 左右。由于 Nordhaus（1994）提到，碳税计算的结果对 TFP 增速相当敏感，而且我们不想偏离 DICE – 2013R 的数值太多，所以直接人为设定全球 2010 年的 10 年 TFP 增长率为 11%，并借鉴 DICE – 2007 的做法，未来 TFP 增速每 10 年外生下降 0.1 个百分点。

---

[1]　世界银行的国别投资流量数据多从 1970 年开始。对 K_0 的猜测沿袭了 Caselli & Feyrer（2007）的方法，即根据 $I/(\bar{g} + \delta)$ 来计算，其中 $\bar{g}$ 是经济长期增长率。从一个 1970 年资本存量的猜测到计算出 2010 年的值，相隔了 40 年；即使最初的猜测有误差，其影响也可忽略不计。

[2]　在成稿时，有的国家的数据未提供到 2010 年。

第四节　全球最优碳税的估算结果与分析

最优碳税是把碳排放的外部性完全且恰好内部化于经济系统时，发生了碳排放行为的微观主体所要支付的价格。其计算方法是，在数值计算过程中，GAMS 程序会给出资本品 K_t 和碳排放 E_t 的影子价格。用后者除以前者，即为最优碳税。这里以起始十年 TFP 增长率 11%、人口上限 134 亿作为基准情形，做数值计算[①]。图 5－2 和图 5－3 展示了 DICE-E 的主要结果。其中，因气温由升转降的拐点在 2100 年之后出现，所以，预测的时间跨度也延伸到了那个时间。

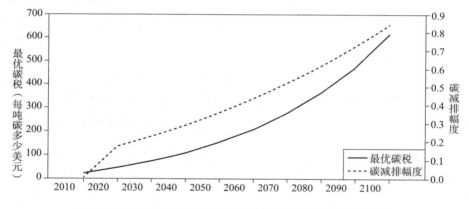

图 5－2　DICE-E 模型预测的 21 世纪最优碳税和碳减排幅度

说明：最优碳税的量纲是每向大气中排放一吨碳所需支付的 2005 年购买力平价美元。

一、数值计算结果

图 5－2 显示，符合帕累托最优标准的碳税水平从 2010 年的每公吨 23.1 美元上升到 2050 年的 152.3 美元，继而在 2100 年达到 613.6 美元。

———————————

① 程序代码见附录。本章的所有程序运行都得出了最优数值解（optimal solution）。

这个上升幅度明显高于 DICE－2007 的预测值。后者在 2050 年时仅仅 89 美元，到 2100 年约为 198 美元。这样的碳税水平对我国而言，是个什么概念呢？毕竟购买力平价美元的量纲不够直观。表 5－3 给出了 2010 年不变价人民币的碳税水平。从中可以直观地看到，本章碳税水平在攀升速度方面比 DICE－2013R 更快一些。2100 年大约是 DICE－2013R 的 3 倍。造成这种差异的原因稍后将探讨。同时还可看到，欧盟对超过免费碳排放配额之外的航空企业征收每吨碳 100 欧元的碳关税，这是相当高的一个关税水平，是近期社会碳成本的 3—4 倍。

表 5－4 给出了几种常见化石燃料的最优碳税水平，这有助于我们对碳税负担的高低获得更为直观的概念。以生活中最为常见的 93# 汽油为例，一公升汽油在当前仅需缴纳约 7 分钱的碳税，到 2020 年上升到 0.11 元。即使考虑通货膨胀，似乎也不会超过每升 0.15 元。其他化石燃料比如天然气、煤炭，每立方米或每公斤的碳税也基本在 0.1 元上下。从中可以看到，开征碳税对日常生活的影响似不大，属于可承受的范围之内。低起点开征并逐步提高的碳税，可以在尽可能小的阻力下逐渐加强人们对节约使用化石能源的认识，并为促使企业转向新能源提供缓冲的时间。

表 5－3　最优碳税水平（每排放一吨碳，2010 年不变价人民币）

	2010	2020	2030	2050	2080	2100
DICE-E	91.9	187.8	292.4	606.7	1451.3	2444.1
DICE－2013R	137.5	189.1	237.6	354.2	587.3	790.6

表 5－4　几种常见化石燃料在近年的从量碳税

	碳含量	密度	氧化率	2015 年	2020 年
褐煤	55%	—	98.2%	0.076 元/公斤	0.101 元/公斤
烟煤	77.5%	—	98.2%	0.106 元/公斤	0.143 元/公斤
无烟煤	90%	—	98.2%	0.124 元/公斤	0.166 元/公斤
93#汽油	85%	0.725 公斤/升	91.8%	0.079 元/升	0.106 元/升
柴油	85%	0.83 公斤/升	91.8%	0.091 元/升	0.122 元/升
天然气	每立方米 525 克碳		98%	0.072 元/立方米	0.097 元/立方米

图5-2还给出了对最优碳减排幅度的估计。从2010年起步，最优碳减排幅度在第一个十年就攀升到17.3%。这个数字并不意味着到2020年化石燃料消耗量就下降17.3%，而是说原本依靠化石燃料来运转的经济活动在能源消耗上需要有17.3%被其他能源所替代。与之相应的减排投入是382.5亿美元。这个数值更多地应视为某种一致性框架下的估计，对现实世界的减排投入规模仅起参考作用。从2020年起，碳减排幅度的提升比较匀速，大致每10年提高5到10个百分点，碳减排投入占GDP的比重亦缓慢上升，到2100年达到1.73%。这意味着一笔不小的减排投入规模。截至2110年，化石燃料的碳排放已经实现完全减排。

图5-3展示了气温上升幅度和人均产出。由此可看到，气温高于1900年水平的幅度，从2010年的0.713度到2120年达到顶峰3.68度。大概每10年上升0.3度。由此不难预见，21世纪将是人类有文字记载以来最炎热的一个世纪，气候变暖也将作为一个主要的国际议题贯穿整个世纪。

再看人均产出。到2050年，人均产出上升到2010年0.982万美元的3倍，达到2.88万美元；21世纪末则是2050年的3倍，为8.56万美元；2150年达到2100年的大约3倍，约为23.8万美元。整个过程中的平均年增速2.31%。从世界经济近几十年的增速判断，这个数值看起来还算合理。

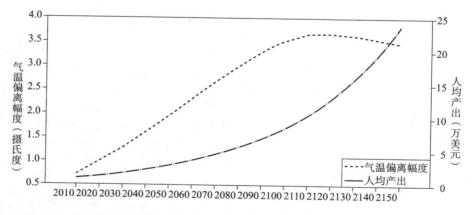

图5-3　DICE-E模型预测的21世纪气候变暖幅度和人均产出

说明：气温上升幅度的量纲是℃；人均产出的量纲是2005年购买力平价美元。

二、DICE-E 与 DICE - 2013R 模型的对比分析

本章 DICE-E 的全球碳税预测，与 DICE - 2013R 有着不小的差别。由于增速更快，本章在 2100 年的预测值是 DICE - 2013R 的大约 3 倍。一个自然的疑问是，造成这么大差异的原因是什么？由于模型结构的差异是无法调和的，所以，寻找差异来源的思路是，把两个模型放在相同的参数和初始值环境中，通过变换参数和初始值来判断各种因素对预测差异的影响。

表 5 - 5 展示了对比分析的计算结果。我们首先把两个模型都放入由 DICE - 2013R 的参数和初始值构成的外生环境之中，只不过，DICE-E 保留自己的各种产出弹性，DICE - 2013R 的资本产出弹性亦改为 0.4884，以便与 DICE-E 相兼容。具体来说，用的是 86 亿人口上限、9.2% 的 10 年 TFP 增长率、2005 年的初值。

表 5 - 5　DICE-E 与 DICE - 2013R 在可比参数和初始值之下的碳税对比

预测年份	模型结构对比			DICE-E 在 TFP 增速（11% 与 9.2%）与人口上限（86 亿与 134 亿）各组合下的预测			
	DICE-E	DICE - 2013R		11%、134	11%、86	9.2%、134	9.2%、86
		0.4884	0.30				
2010	19.5	19.0	29.5	23.1	19.1	25.6	21.3
2120	41.4	40.5	46.8	47.2	38.5	52.0	42.2
2150	127.8	125.1	93.0	152.3	115.4	157.1	118.7
2100	410.7	400.8	211.3	613.6	427.7	534.2	373.3

说明：量纲是每吨碳排放需要支付的 2005 年购买力平价美元。

表 5 - 5 的第 2、3 列表明，在可比的参数设置下，从两个模型得出的预测十分接近。DICE-E 的碳税预测水平比 DICE - 2013R 略高，但高出的幅度均未超过 3%，基本上可认为两模型得出的碳税预测是相同的。虽然模型结构有许多不同，但在相同外生环境下居然可以导出基本相同的预测，这真是十分令人惊讶的。这说明，两模型的预测差异应是来自于对参数和初始值设定的不同。

在考察外生环境设置的变化会带来怎样的预测差异时，可注意到参

数和初始值的个数较多。选择参数和初始值的思路是，碳排放来自于化石能源的消耗，对化石能源的需求取决于总产出增长的高低，而影响总产出的因素主要是要素投入和技术进步率；在这个逻辑链条下，对比的着眼点首先放在人口上限和 TFP 变动率上。具体来看，人口上限在两个模型中相差 56%；在可用劳动要素规模上如此大的差别是令人不安的；TFP 变动率是广义的技术进步率，而且 Nordhaus（1994）在稳健性分析中得出的一个结论是，它对模型预测的影响较大。另外，这两个参数也具有较大的不确定性，而其他参数多有相关来源根据，比如初始年份的人口、全球总产出。

表 5－5 的右侧 4 列展示了人口上限与 TFP 变动率的不同组合下 DICE-E 模型的碳税预测。以 2100 年的值为参照，从中可看出这样几点：第一，人口上限的影响相当大；在其他情况相同时，86 亿与 134 亿的不同上限将带来 43% 的碳税差别。第二，TFP 变动率的影响也不容小觑，假如分别设置为 11% 和 9.2%，将导致预测值相差 15% 左右。虽然不能由这两个对比结果判断人口上限的影响比 TFP 变动率大，但前者的作用可能被 Nordhaus 忽略了，倒是可以成立的一个判断。第三，把这两个参数同时取较低值之后所得的预测仍然比原 DICE－2013R 的（表 5 第 4 列）高出了将近一倍。这说明在本章的基准情形和原 DICE－2013R 之间，还有相当大一部分没有得到解释。

第三个对比观察放在了 DICE－2013R 总量生产函数的资本产出弹性系数上。之前，为了与 DICE-E 相兼容，DICE－2013R 的资本产出弹性设置为了 0.4884。这里以 DICE－2013R 的原参数和初值为基准，对比它在 0.3 和 0.4884 资本产出弹性下的表现。如表 5－5 第 3、4 列所示，在 2100 年，0.4884 下的碳税预测是 0.3 下的一倍多，恰好相当于未能被人口上限和 TFP 变动率的差异所解释的部分。余下的小差别，可由模型结构和剩下的众多参数和初值的差异来解释。

综上，可小结如下：虽然 DICE-E 在模型设定结构上与 DICE－2013R 不同，但当把两个模型放在相同外部环境中时，它们在碳税预测上相差无几。本章的基准情形与原 DICE－2013R 的明显预测差异，有一半可由人口上限和 TFP 变动率的差别来解释，另一半由资本产出弹性的变动来解释。这样的分析结论对 Nordhaus（1994）所做的敏感性分析构成一个重要的补充；也表明，在文献中所公认的时间偏好率对碳税预测影响较大的结论之外，也存在着其他参数导致最优碳税结果的敏感。由此可知，在估计最优碳税这项工作中，外生参数的取值应尽可能地拟合现实。

第五节　本章小结

与 20 世纪以商品和要素的国际自由流动为主轴不同的是，21 世纪的一个主轴就是气候变暖。这个议题对人类社会的影响将是持久而深远的。基于 IAM 模型对气候变化在长达百年之内的变迁轨迹做出预测，有助于对什么程度的碳减排力度是合理的这个问题形成判断。本章基于从 DICE – 2013R 改造而来的 DICE-E 模型，估算从现在到 2100 年的全球最优碳税，发现 Nordhaus（2008）的原有估计因参数和初始值的取值较为随意，大大低估了碳税的提升速度。DICE – 2013R 使用的偏低资本产出弹性、偏低人口上限和 TFP 变动率，是造成两个模型预测差异的主要原因。在碳税的具体数值上，从 2010 年到 2020 年的水平为每公吨碳排放 23.1 美元至 47.2 美元，折合人民币是从 92 元提高到 188 元。以最为常见的 93# 汽油为例，若碳税在 2015 年开征，可从每公升 0.1 元起步，每年提高 1 分钱，至 2020 年提高到 0.15 元。这样的碳税水平似乎并非难以接受。从另一个方面也表明，欧盟对航空业的碳关税水平是相当高的。

由于本章计算的是全球平均意义上的最优碳税，而各个国家往往有着自己的特殊情况，所以基于本章工作的一个自然延伸是计算主要大国的碳减排幅度和相应的碳税轨迹。Nordhaus 的 RICE 模型将为这一努力提供重要参考。另一个值得期待的前进方向是对碳减排的深入刻画。本章沿袭 Nordhaus 的做法，仅仅用一个碳减排的投入函数来概括。而实际上，碳减排最终依赖于新能源对化石能源的替代。这将涉及新能源技术的研发、研

发成功后新能源工厂的建立和已有化石能源资本品的淘汰等一系列问题。在模型中嵌入这些环节以及展开相应的数值模拟，将需要更加深入细致的工作。

　　说明：本章内容由李宾（2013）整理而来，即发表在 2013 年 4 月份《数量经济技术经济研究》上的《全球最优碳税的一个定量估算》一文。

第六章

>>> **碳排放形势的国际比较**

对全球最优碳税的估计，只是气候变化综合评估模型（IAM）的基础工作，因为全球最优碳税以世界各国之间完全而充分的合作为前提。在这一前提下，各国都能够也都愿意采取一致的政策措施。但是，这种假设显然是脱离现实的。因此，在完成对全球最优碳税的估算之后，IAM 模型的一个任务就是适当考虑世界各国的特殊情况，放弃各国充分合作的不现实假设，来估计对各国而言的最优行动。为此，有必要了解主要国家或地区的碳排放情况。其中，最令人感兴趣的一点是，有多少个国家的温室气体排放量已经越过了碳排放库兹涅兹曲线（CKC）拐点？中国目前距离 CKC 拐点还有多远？

观察各国的人均碳排放拐点，可为判断我国的碳减排形势提供参考。本章梳理了世界各国的情况，筛选出 28 个有越过拐点迹象的国家或地区，借助图示、描述性统计、计量回归方法展开分析。判断认为，世界平均的人均碳排放拐点在 2.8 吨到 3 吨之间；届时，人均 GDP 为 2.3 万—2.5 万美元（2005 年价），第二产业比重为 25%—30%。从近年的相关指标来看，中国短期内还难以越过 CKC 拐点。

第一节　现实背景

近年来，我国人均碳排放量持续快速上升。根据二氧化碳信息分析中心（CDIAC）的数据，2000 年我国人均年排放 0.73 吨碳，2005 年 1.21 吨，2010 年 1.68 吨，2012 年 1.94 吨。在人口庞大的背景下，如此迅猛的递增势头意味着我国的碳排放规模很大。早在 2006 年，我国就已超过美国成为第一大碳排放国，2012 年的排放量更是达到了美国的近 2 倍、全球的 27.2%。中国已成为众多国家在气候谈判中竞相施压的对象和拒绝做出减排承诺的"挡箭牌"（查建平等，2013）。

以前，我国在应对国际压力时还能以人均排放较低作为理由，但是，如今我国接近 2 吨的人均量与其他国家的情况比起来，处在什么水平或阶段呢？为此，有必要对世界各国的人均碳排放轨迹进行观察和分析。本章借助一些基本的指标和简单的分析技术，来把握各国的基本面貌和主要特征。其中特别值得关注的是人均碳排放量由升转降的拐点。哪些国家跨过了这个拐点？中国离拐点有多远？拐点附近的特征是怎样的？

第二节　碳排放库兹涅兹曲线

考察碳排放理论的主轴来自于早年环境经济学的环境库兹涅兹假说（EKC），即：随着人均收入的增长，人均污染排放量将出现一个先上升、后下降的倒 U 型特征。大量的实证研究基本支持这样一个假说，不过不同的物质表现出有差异的特征：固态污染物最容易出现拐点，对应的人均收入水平最低；液体污染物次之；气体污染物的拐点较难出现，对应的人均收入水平也最高（李宾、向国成，2012）。作为一种气体排放物，二氧化碳的 EKC 特征是最不稳健的，现有研究对它是否成立颇有争议。随着这种争议和气候变化议题变得日益重要，逐渐衍生出 EKC 的一种专门类型：碳排放库兹涅兹曲线（CKC，即 Carbon Kuznets Curve）。

近年已有不少文献在探讨我国的 CKC，主要是按照时间预测拐点。朱永彬等（2009）、黄蕊等（2010）判断全国的碳排放峰值将出现在 2040 年左右；李惠民等（2011）则认为在 2050 年前后；林伯强等（2009）判断碳排放拐点到 2040 年都不会出现；王萱和宋德勇（2013）认为，我国还需要再走二三十年甚至更长的时间才能达到碳排放拐点。不同于它们所借助的复杂技术方法，本章的思路相对简单，就是根据各国人均碳排放的时间序列图，直观地判断一国是否越过了 CKC 拐点。这在文献中被称为"脱钩"（王佳、杨俊，2013）。CKC 拐点水平的高低对于判断我国人均碳排放的形势，可起到借鉴作用。如果各国拐点的平均值越高，那就意味着我国未来的国际压力可能持续得越久。

在全球 200 多个国家中，值得关注的是那些已经越过了 CKC 拐点的国家。我们观察了近 100 个主要国家的人均碳排放轨迹，从中挑选出 28 个国家或地区，并将其展示于图 6-1、图 6-2 中；其他未列入图中的国家，则是因为到 2010 年为止仍呈现为单向上升的趋势。虽然有文献做了相似的工作（王萱、宋德勇，2013；张志强等，2011），不过它们只是观察了 7—8 个国家，相对来说，本书的观察对象更为全面。

从图 6-1、图 6-2 中可观察到这样几点：

（1）所列国家都迈过了或者正在迈过 CKC 拐点。它们大致都有历史峰值，而且近期的人均排放量要么处在下降趋势中，要么已经难以超越历史峰值。少数国家的 CKC 特征是否显著还存在争议，比如日本、丹麦、南非、独联体。这两幅图至少表明，世界上跨过 CKC 拐点的国家数目比预想的要多。

（2）各国 CKC 拐点发生的时间差异较大。不少国家 CKC 拐点发生在 1973、1979 年前后；那时正是两次石油危机期间。这表明，化石燃料价格的冲击可促使一国自觉降低化石能源消耗。其他的拐点散布于其后的各个十年，除了独联体、东欧的峰值集中于 20 世纪 80 年代之外，其他国家的拐点时间均未呈现出明显的规律性。

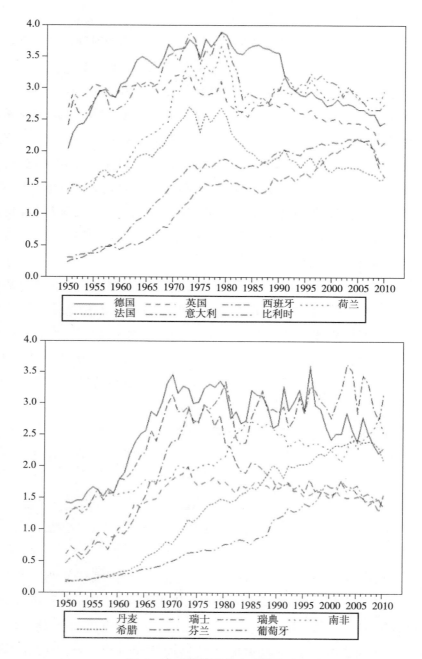

图 6-1 部分国家的人均碳排放

数据来源：CDIAC

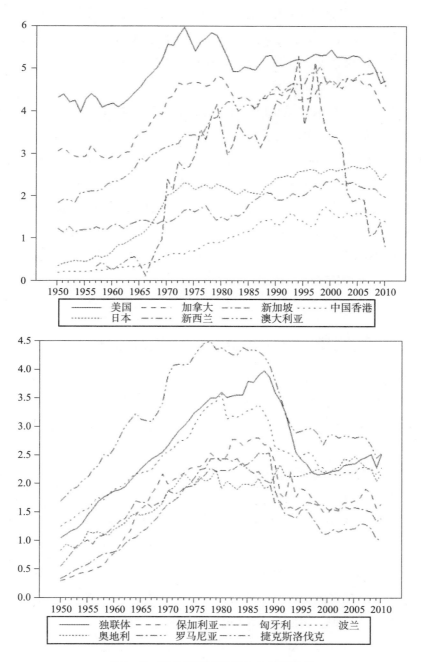

图6-2 部分国家和地区的人均碳排放

数据来源：CDIAC

（3）CKC 拐点的人均排放量水平分布在 1.74 吨（中国香港）到 5.44 吨（美国）的广阔区间上。多数国家的峰值在 2 吨到 4 吨之间，低于 2 吨和高于 4 吨的比较少。可见，我国正在进入别国发生拐点的区间；这意味着我国在应对国际碳减排压力时所能列举理由的有效性正在变弱。

（4）CKC 曲线大多呈现出明显的锯齿型形态，时升时降，但其背后的原因还有待研究。这种形态使得 CKC 的拐点不很明确。一些文献认为，我国 CKC 曲线呈现为 N 型、W 型等，而不是倒"U"型，进而怀疑 CKC 是否成立（陈彩芹、巩在武，2013；田超杰，2013）。从图 6-1、图 6-2 看，判定拐点的发生不能只凭单一的峰值，而应从较长的历史时期来观察。这种形态也意味着，对那些在 2000 年之后有下降表现的国家，尚不能确定 CKC 曲线是否还将转而上行；因此，即使我国达到了拐点发生的区间，也不一定很快就能真正实现下行。

第三节　人均碳排放拐点的定量分析

为了对拐点处的特征有更好的了解，我们找出了 28 个国家或地区历史峰值的年份和水平以及各国在该年份的人均 GDP、三次产业结构的数据，把它们列于表 6-1 的主要观测点部分。另外，由于 CKC 曲线的锯齿形态，表 6-1 也列出了部分国家的附属观测点。它们主要是某国在其他年份的一个比较凸出的局部极值。限于数据的可得性，希腊、瑞士、波兰缺乏产业结构的数据。独联体及南非的放在了表 6-1 最下方，因其近期的表现显示出它们越过 CKC 拐点的迹象较弱，所以基准情形的分析中将不再涉及。

之所以引入三个额外变量，是基于下面几点考虑。首先，在探讨碳排放的影响因素的文献中，有一种划分角度是规模效应、技术效应、结构效应（贾惠婷，2013；姚西龙，2013）。由于经济规模的扩大必然带来能源需求的增加，这往往导致化石燃料消耗量和碳排放量的上升，所以规模效应易于理解。对于技术效应，根据新古典理论，技术进步是经济增长的最终源泉。因此，这里把规模效应和技术效应视为同一类因素，以人均 GDP

水平的高低来体现。

其次，产业结构可视为是一种资源转换器，即通过产业间的有效运转，把社会各种资源的总和不断转化为各种产品和劳务（毛健，2003）。由于产业发展对化石能源有着直接或间接的依赖作用，不同产业对能源的依赖程度存在着或大或小的差异，产业结构的演进必然会对碳排放量和气候变化产生影响（张维阳、段学军，2012）。因此，观察 CKC 拐点处的产业结构状态，将有助于获得更全面的理解。产业结构通常由三次产业占 GDP 的比重来表达；对于定量分析而言最好只使用一个指标。有人使用二产、三产与一产的比值之和（张雷，2006），鉴于第一产业所占的比例低且多在 5% 以下，这种方法得出的变量不仅数值大，而且对一产占比的大小会很敏感，所以，作为一种改良，本书使用三产对二产的比值作为产业结构的表达。

一、描述性统计

表 6－2 列出了 CKC 拐点处几个变量的描述性统计值。对于人均碳排放，26 个观测点的样本均值是 3.16 吨碳；总体均值的 95% 置信区间是从 2.75 吨到 3.57 吨。这比图示法给出了更精确的表达。可见，我国 2012 年 1.94 吨的人均量离拐点还有一段距离。各国拐点水平的中位数为 2.86 吨。因低于 2 吨和高于 5 吨的可算作奇异点，而 26 个观测点中有多达 5 个这样的点，所以不受奇异点影响的中位数比均值能够更好地反映全球 CKC 拐点的平均水平。均值大于中位数且偏度大于零，表明这是一个右偏分布，更多的观测值处于数值较小的部分。峰度小于零（减 3 之后），说明观测点的数值比较分散，从而国别特性应该比较重要。

当 CKC 拐点发生时，人均 GDP 的均值是 2.28 万美元（2005 年价，下同），小于中位数，表明较多的观测值分布在高位；95% 置信区间是从 1.94 万到 2.62 万美元，我国当前水平还不到其下限的一半。因人均 GDP 不像人均碳排放那样涨跌频繁，而是持续增长的，所以我国要到达 CKC 拐点，确实还有较长的路要走。对于产业结构，均值 1.94、中位数 2.09 意味着在拐点处，第三产业的规模通常是第二产业的 2 倍以上。我国 2012 年第二产业占比45.3%，第三产业44.6%，该比值还不到1，同样表明CKC拐点离我国还较远。

表6-1 越过CKC拐点的经济体的情况

国家/地区	主要观测点						附属观测点			
	年份	拐点水平	人均GDP	二产占比	三产占比	纬度	年份	拐点水平	人均GDP	三产÷二产
美国	2000	5.44	28467	22.49	76.37	39.45	1972	5.96	15944	1.94
日本	2004	2.72	21576	28.86	69.83	36.63	1973	2.31	11434	1.20
德国	1979	3.90	13993	41.70	55.68	50.83				
法国	1979	2.69	14634	31.90	62.51	46.81	1973	2.71	12824	1.70
英国	1979	3.11	13167	40.24	57.52	53.59	1973	3.2	12025	1.40
意大利	2004	2.21	19300	26.88	70.61	42.45				
加拿大	2003	4.77	23409	31.25	66.65	60	1979	4.81	16170	1.59
西班牙	2005	2.22	18194	29.74	67.06	40.07	1980	1.56	9203	1.53
荷兰	1996	3.15	18988	26.87	69.84	52.30	1979	3.66	14647	1.95
澳大利亚	2009	4.92	25715	28.89	68.65	24.88	1998	5.05	20978	2.49
比利时	1979	3.88	13861	36.68	60.74	50.63	1973	3.89	12170	1.34
丹麦	1996	3.56	20810	25.40	71.20	55.86	1979	3.34	15313	2.68
芬兰	2003	3.61	20846	32.89	64.05	64.81	1980	3.32	12949	1.36
新西兰	2001	2.41	16675	24.16	66.80	41.51	1988	2.08	13816	2.31
葡萄牙	2002	1.75	14068	27.03	69.74	40.07				
瑞典	1976	2.93	14825	34.34	59.54	63.17	1970	3.13	13011	1.62
新加坡	1997	5.14	20588	32.71	67.15	1.35	1994	5.27	18005	2.02
奥地利	2005	2.46	22141	29.26	69.13	47.56	1991	2.32	17289	2.01
保加利亚	1987	2.79	6382	59.49	29.09	42.69	1983	2.76	6237	0.42
捷克＋斯①	1984	4.37	8319	61.59	31.94	49.27				
匈牙利	1984	2.34	6710	47.04	33.98	47.02	1978	2.26	6253	0.66
罗马尼亚	1989	2.52	3941	49.94	26.32	45.87	1983	2.43	4027	0.45
中国香港	1999	1.74	21367	13.38	86.53	22.28				
希腊	2005	2.41	14705							
瑞士	1978	1.81	17662							

① 即捷克斯洛伐克。另外，独联体在1991年之前的数据用的是苏联的；1992年之后的为综合计算所得。

国家/地区	主要观测点						附属观测点			
	年份	拐点水平	人均GDP	二产占比	三产占比	纬度	年份	拐点水平	人均GDP	三产÷二产
波兰	1987	3.37	5683							
独联体	2010	2.50	9142	34.70	61.44		1988	3.96	6894	0.66
南非	2009	2.76	4503	30.99	66.08	29.6	1985	2.68	4006	1.17

数据来源：人均GDP（1990年Geary-Khamis国际美元，1个单位约合2005年价的1.39美元。）来自于GGDC；三次产业的比重来自于世界银行WDI数据库；各国纬度来自于在"地球在线"网站的手工测量。

表6-2　CKC拐点处主要变量的描述性统计

指标	均值	均值的95%置信区间	最小值	最大值	中位数	偏度
人均碳排放量	3.16	[2.75, 3.57]	1.74	5.44	2.86	0.695
人均GDP	22763	[19370, 26155]	5475	39545	23849	-0.34
三产÷二产	1.94	[1.60, 2.28]	0.489	3.396	2.09	-0.53

注：人均GDP的值已换算为2005年价格的美元。这样更贴近目前的感知。

表6-3　计量回归

	(1)	(2)	(3)	(4)	(5)	(6)	(7)
常数项	2.08*** (0.503)		2.93*** (0.866)	1.49* (0.807)	0.819 (1.53)	1.97*** (0.398)	1.71*** (0.526)
人均GDP	1.54*** (0.376)	2.64*** (0.350)	1.54*** (0.372)	2.41*** (0.510)	2.41*** (0.525)	1.79*** (0.36)	1.87*** (0.376)
产业比值	-0.67*** (0.193)	-0.68** (0.256)	-0.74*** (0.199)	-1.18** (0.423)	-1.09** (0.463)	-0.74*** (0.202)	-0.72*** (0.204)
纬度			-0.016 (0.013)		0.01 (0.019)		
石油危机							0.246 (0.320)
R^2	0.948	0.904	0.952	0.968	0.969	0.936	0.937
DW	2.36	1.69	2.52	2.58	2.41	2.26	2.30
n	23	23	23	16	16	41	41

说明：***、**、*分别表示1%、5%、10%显著水平。人均GDP的量纲为万美元（1990年价）。

二、回归分析

在描述性统计观察的基础上，这里进一步借助计量回归方法来判断潜在因素对 CKC 拐点的影响。所用的计量模型为如（6-1）式的简单线性形式：

$$cper_i = \alpha_0 + \alpha_1 \times gper_i + \alpha_2 \times ratio_i + \alpha_3 \times x_i + \varepsilon_i \qquad (6-1)$$

其中，cper 为各国拐点处的人均碳排放量，gper 为对应年份的人均 GDP，ratio 为第三产业对第二产业的比值，x 为其他控制变量，ε 为随机项。

由于这里是直接以拐点处的数据做回归，所以对其系数的解释与文献中常见的提法有所不同。常数项 α_0 代表一种基本拐点水平，即一国的人均排放量至少要达到 α_0 才有可能转而下行；α_1 表示，在基本拐点水平附近，给定其他控制变量不变，人均 GDP 每高 1 万美元，人均碳排放的拐点水平变化；其他系数的含义类似于 α_1。对于 x，我们考虑了两个选项：一个是各国的纬度。是否纬度越高、气候越冷，从而所需的拐点水平越高？基于此，本章将各国纬度作为一个控制变量。另一个是使用虚拟变量来体现是否处于 1973、1979 左右的年份，以观察石油危机对拐点形成的影响。表 6-3 列出了 7 组不同情形的回归结果。其中，第 1-3 组使用表 6-1 从美国到香港的共计 23 个观测点；第 4-5 组则去掉了从新加坡到香港的 7 个观测点，只留下 16 个成熟市场经济体的数据；第 6-7 组则把表 6-1 中的辅助观测点也当作独立数据点，与 23 个主要观测点混合，形成总计 41 个观测点的样本。

以第 1 组为基准组，结果显示：23 个观测点是确实发生了拐点的国家，三个系数都在 1% 水平上显著；系数的大小和正负号符合直觉；R^2 和 DW 值表现较好。常数项表明一国人均碳排放水平需达到 2.08 吨才有可能转而下降；相关系数的正负号则表明，拐点处的平均人均 GDP 越高、第二产业的占比越大，便越不容易发生拐点。我国拐点发生时的人均 GDP 不好预测，以我国工业比重偏高的现状，难以对拐点的及早出现持乐观态度。

去掉常数项后的第 2 组，产业结构的系数显著性变弱，且 R^2 和 DW 值变化较大，但两个主要解释变量仍然高度显著。第 3 组加入的纬度变量并不显著。这表明纬度的影响虽然在直觉上成立，但在数量上太弱，纬度变量不足以体现国别特性。第 4－5 组中变量系数的估计值变化较大，显著性有所降低，不过仍然是显著的；加入纬度后该变量依然不显著，而且常数项也不显著，可见由于自由度下降较多，回归结果变得不稳健。第 6 组使用扩展到 41 个观测点的数据后的结果与基准组相近，但其数据质量不如第 1 组。第 7 组中加入的是否为石油危机前后的虚拟变量并不显著。

第四节　本章小结

笔者观察了近 100 个国家的人均碳排放轨迹，并把 28 个直观上越过了 CKC 拐点的展示于文中。这些已经跨过了 CKC 拐点的国家在拐点处的经济特征可以为我国提供某些借鉴。借助图形观察、描述性统计和计量回归这三个方法，给出了平均意义上 CKC 拐点的具体数值区间：该拐点大致在 2.8 吨到 3 吨之间；届时，人均 GDP 在 2.3 万至 2.5 万美元（2005 年价）之间，第三产业规模是第二产业的 2 倍至 2.2 倍；而且，拐点的最低水平约为 2.1 吨，人均碳排放在达到此水平之前难以真正进入下行阶段。因我国人均 GDP 只有拐点处对应水平的四分之一左右，不仅提高需要时间，而且还可能存在中等收入陷阱；在产业结构方面，工业比重居高不下，迄今为止服务业规模尚未超过第二产业，而产业结构变化又是一个很慢的过程。根据上述分析，估计我国在一段时期内（也许 20 年）还难以越过 CKC 拐点。

说明：本章内容由周俊和李宾（2015）整理而来，即发表在 2015 年 2 月份《中国科技论坛》上的《人均碳排放拐点的国际比较分析》一文。

第 七 章

>>> **我国碳减排的定量评估——
分区域的IAM应用**

　　作为全球第一大碳排放国和第二大经济体，我国正在承受着越来越大的碳减排压力。在世界各国都参与应对气候变化的进程中，我国的最优碳减排幅度是怎样的呢？本章在 Nordhaus 的 RICE – 2010 模型基础上，将化石能源的消耗内生于经济系统模块，改良后提出 RICE-E 模型。数值计算表明，从 2005 至 2095 年，我国需要实现完全碳减排，相应的碳税水平从每吨碳排放 68.7 元（2010 年价）提高到接近 2000 元。这个力度在世界各大国中并不是最激进的，位居俄罗斯和美国之后，与欧盟、拉美为同一档次，但强于日本和印度。在此碳减排进程下，我国碳排放量由升转降的时间拐点出现在 2055 年左右。

第一节　文献背景

　　在气候变暖的背景下，中国正承受着越来越大的碳减排压力。根据世界银行和 CDIAC 的数据，2009 年中国化石能源消耗量达 19.72 亿吨原油当量，超过美国的 18.20 亿吨，无可争辩地成为全球第一大碳排放经济体。2012 年，中国的碳排放量达到 26.26 亿吨，为美国的 2 倍左右，占全球的 27.2%。在气候变化的背景下，这样的数字显得特别刺眼。在每年一度的全球气候变化大会上，我国的立场和举动越来越受到他国的关注，中国甚至已成为众多国家在气候谈判中竞相施压的对象和拒绝做出减排承诺的"挡箭牌"（查建平等，2013）。鉴于碳排放具有全球外部性，一国较高的碳排放会通过气候变化的进程对其他国家产生影响，所以，伴随着能源消耗量与经济的高速增长，我国所面对的碳减排压力与日俱增。在这样的背景下，我国参与国际碳减排进程的最优幅度是怎样的？相对于其他主要经济体，我国的碳减排压力是最大的吗？本章尝试探讨这方面的问题。

碳减排议题在国外气候变化经济学中的讨论，往往是以气候变化综合评估模型（IAM）为技术支撑（王军，2008）。IAM是借助计算机程序做综合集成和数值模拟、预测未来气候变化的方法之一。根据集成的内容和细致程度的不同，综合集成的研究大致可分为四种类型。第一类是由一些机构所开发和运行的大气—海洋一般循环模型（AOGCM）。它们把全球细分为小区域，借助于超级计算机的并行计算，按照IPCC所设计的排放情景（SRES），模拟出未来一段时期内所有小区域的气象等变化（IPCC 2007）。第二类是中等复杂程度的地球系统模型（EMIC）。对古气候的模拟常以千年为量纲基本单位，计算机的运算能力往往是瓶颈，所以在AOGCM的基础上降低复杂度，可使模拟计算更容易完成。第三类是诸如MAGICC这样的小型模型。气候变化议题中潜藏了巨大的不确定性，为了观察某些方面的不确定性所带来的影响，又要兼顾计算机的处理能力，于是就出现了在综合集成方面进一步降低复杂度的小型模型。第四类是亦属于小型模型的IAM。其突出特点是嵌入了大气环境系统与经济系统之间的双向互动，而排放场景法仅仅包含从经济系统到气候系统的单向影响。在IAM中，GDP等变量不再被人为设定为到诸如2050年增加多少倍，而是容纳了微观主体的跨期优化选择。IAM发端于20世纪90年代，迄今为止已出现了20多个不同的模型，其中较为重要的有MERGE、DICE、RICE、FUND、PAGE（向国成等，2011）。著名的Stern报告在详细的文字表述背后，其基础性的技术工作就是PAGE模型。

在国外文献中，一个争论的焦点问题是，碳减排的推进是应近期就强力实施为好，还是按照一个"气候政策坡道"而逐步展开（Olmstead,

2006)？对此，近年出现了两轮争辩。第一轮从 20 世纪 90 年代中期到 2007 年。一方以 Stern 为代表，另一方以 Nordhaus、Weitzman 为代表。由于前者在时间偏好率这个参数的取值上有问题，所以，这场争辩以后者的胜出而告一段落。第二轮争辩源自于 Weitzman（2009）的 "悲观定理"（Dismal Theorem）。其大意是，气候变化的巨大不确定性要求在技术分析中使用厚尾分布，以容纳低概率、高损害的极端事件；从这个思路形成的判断是，近期亟须实施较为强力的碳减排。Pindyck（2011）、Weitzman（2011）、Nordhaus（2011a）、Millner（2012）等文献围绕该定理进行着艰苦的争论，但由于缺乏对极端灾难事件的合适处理方法，尚未显示出谁有占优的迹象。

虽然国内文献也借助定量分析方法来估计某一个侧面的数量关系，包括碳排放量的估算、历史的和国别的碳排放对比、国内分行业或分区域的对比及影响因素分解（杜立民，2010），面板计量、空间计量、状态空间模型、非参时间序列、甚至物理学中的重心概念等新颖技术都得以运用，不过，基于 IAM 展开分析研究的还很少见。国内更关注的方面是，对于发展中国家而言，削减二氧化碳的排放意味着工厂的关闭和经济增长速度减慢，容易产生一系列的社会经济问题（刘慧等，2002），而有关碳减排制度安排的话语权又掌握在发达国家手中，所以国内的主流方向是强调碳减排的公平性，重视共同但有区别的责任（陈迎等，1999）。

要分析我国所面临的碳减排压力，Nordhaus 的 IAM 系列模型 RICE 是一个合适的框架。本章在 Nordhaus（2010）的 RICE - 2010 模型基础上，改良出一个 RICE-E 模型。它把世界分为 12 个区域，主要大国或区域被单列出来。把各国放在一个经济系统与大气、环境系统相互作用的 IAM 中，计算出各国的碳减排幅度、宏观经济变量以及全球气候变量的轨迹，由此可对我国的碳减排压力在国际上的相对大小给出一个判断。这对于理解和思索我国在联合国气候变化会议上的定位和策略，可以起到技术支撑的作用。

本章相对于 Nordhaus 框架的主要不同在于，是借鉴了李宾（2013）在一个重要设定环节上的修改，即在经济系统模块嵌入了化石能源的内生供应，使得对碳排放量的计算可直接用一个系数乘上化石燃料的消耗量。相比现有文献中常见的把碳排放量与产出或资本存量关联起来的做法，这一做法更符合物质守恒定律，微观基础更佳。而且，更有助于表述出一个气候加速变暖的机制——在平均气温升高时，为了维持适宜的工作与生活环境温度，人们需消耗更多的化石能源，而这种额外的消耗将进一步加剧气候变暖，形成恶性循环。若化石能源的消耗不是内生的，这个机制将难以表达出来。

相对于国内其他相关文献，诸如林伯强和蒋竺均（2009）、姚昕和刘希颖（2010），这里所做的改良是在主流 IAM 的模型结构上，因而在推动学术前沿方面更具潜力。另一方面，李宾（2013）测算的是全球的最优碳税，以各国完全合作为前提，把世界当作一个整体；这意味着它无法回答本章所针对的问题。鉴于本书的模型与 RICE 有着紧密的联系，所以这里把文中所用的 IAM 称为 RICE-E 模型，即内生了能源供应的RICE 模型。

第二节　RICE-E 模型

RICE 模型是由 Nordhaus & Yang（1996）构造、在 Nordhaus & Boyer（2000）、Nordhaus（2010）中得以发展的一个 IAM。它在现有的 20 多个IAM 中具有较强的竞争力。本章采用 RICE－2010 版本，通过引入化石能源的内生消耗，将之改造为 RICE-E 模型。其他未说明的细节之处，则沿袭了 RICE－2010 的做法。另外，虽然 RICE 模型结构与前文的 DICE 模型很类似，出于表述完整的考虑，这里仍然把模型设定的各个环节都予以介绍。

一、经济系统模块

为了容纳主要大国为其自身利益做选择的空间，世界被划分为美国、欧盟（26 国）、日本、俄罗斯、东欧和独联体（23 国）、中国、印度、中东（15 国）、非洲（53 国）、拉丁美洲（39 国）、其他发达国家（7 国）、其他亚洲国家（28 国或地区）共 12 个区域。每个区域均被假设为一个独立的经济系统，其社会福利函数定义在一段时期内人均消费所带来的效用贴现和之上：

$$\sum_t \frac{L_{j,t}}{(1+\rho)^t} \frac{(C_{j,t}/L_{j,t})^{1-\sigma}}{1-\sigma} \tag{7-1}$$

参数 ρ 是社会时间偏好率；σ 为消费的边际效用弹性；$C_{j,t}$ 是第 j 个区域在第 t 期的总消费；$L_{j,t}$ 为区域人口数，它被设为外生变动。

（一）代表性家户

区域 j 的家户拥有资本和劳动两类生产要素。其优化问题是，给定资本品的租金率 $r_{j,t}$ 和劳动工资 $\omega_{j,t}$，选择 $C_{j,t}$，在（7-2）式的约束下最大化（7-1）式：

$$K_{j,t+1} = r_{j,t}K_{j,t} + \omega_{j,t}L_{j,t} - C_{j,t} + (1-\delta)K_{j,t} \tag{7-2}$$

参数 δ 为资本品的折旧率；本章把它设为 5%，不同于 RICE-2010 中的 10%。$K_{j,t}$ 是资本存量。由于这里将借助数值计算给出数值解而不做定性分析，故不列出家户的跨期优化方程；后文的所有相关推导也均同理。

（二）最终品部门

每个区域都存在两类产品，一个是最终品，另一个是化石能源；因此，每个区域也存在着相应的两类生产厂商。它们都需要从家户那里租用资本品、雇佣劳动力，不同之处在于，最终品的生产还需要以化石能源作为投入。所有产品市场和要素市场均为竞争性市场。假设最终品部门的生产函数为柯布—道格拉斯型，则扣除了气候影响和减排投入的总产出 $Y_{j,t}$ 为：

$$Y_{j,t} = (1-\Lambda_{j,t})A_{j,t}(K_{j,t}^F)^{\alpha_j}(L_{j,t}^F)^{\beta_j}(e^{-\eta_{1j}(T_{AT}(t)-\eta_{2j})^2}N_{j,t})^{1-\alpha_j-\beta_j} \tag{7-3}$$

$\Lambda_{j,t}$ 为区域 j 的碳减排成本占总产出的比例；它为外生变量，其设定形式在后文给出。$A_{j,t}$ 是最终品部门的全要素生产率；$K_{j,t}^F$、$L_{j,t}^F$、$N_{j,t}$ 分别为最终品生产过程中所使用的资本、劳动力和化石能源的数量；参数 α_j、β_j 分别是资本、劳动的产出弹性。$T_{AT}(t)$ 为地表气温偏离平均正常水平的幅度，η_{1j} 是体现气候变化影响效果大小的参数；η_{2j} 则代表各个区域的正常气温并不尽相同。

式（7-3）把气温偏离幅度的平方放到指数函数中并与能源消耗量相乘，会产生这样的直觉：当气温偏离区域的正常水平时，人们需要消耗更多的能源，以便让环境温度变得适宜工作和生活，这样才不会降低产出水平。然而，更多化石能源的使用将带来更多的碳排放，温室效应增强。由此不难注意到，在上述设定下，气温难以稳定在 $T_{AT} = \eta_{2j}$。因为当 $T_{AT}(t) < \eta_{2j}$ 时，碳排放的增加会使得气候暖化；而当 $T_{AT}(0) > \eta_{2j}$ 时，变暖幅度将扩大，而不是反向收缩。当气温处于 $T_{AT} = \eta_{2j}$ 时，一个微小的随机冲击就容易使气温偏离到持续升高的发散路径。这意味着气候变暖具有自我强化的特性。

气温异常对产出负面影响的设定借鉴了 Weitzman（2008）、Golosov 等（2011）文献的做法。与它们相同的是，这里使用了气温变化的平方项而不是绝对值或者四次方。其原因在于，由平方项计算出的负面作用与根据 RICE-2010 的多项式倒数设定所计算出的结果，可在较大范围中很接近；若使用绝对值项或四次方项，则负面作用的攀升速度要么将大大慢于 RICE-2010 的，要么更快。与文献中做法不同的是，这里嵌入了不同区域的正常气温有所不同的设定，由 η_{2j} 体现。

（三）化石能源供应部门

化石能源从初级资源的开采到成品的市场供应，也需要占用资本和劳动力。其生产函数如下：

$$N_{j,t} = B_{j,t}(K_{j,t}^N)^{\gamma_j}(L_{j,t}^N)^{1-\gamma_j} \tag{7-4}$$

$K_{j,t}^N$ 是区域 j 的化石能源供应部门所租用的资本品，$L_{j,t}^N$ 为其所雇佣的劳动力，$B_{j,t}$ 是该部门的全要素生产率，γ_j 为资本产出弹性。式（7-4）使得化石能源的供给成本可由厂商优化条件推出，而不必像 RICE-2010 那样做人为的外生设定。需要注意的是，这里放弃了资源储量有限的约束，改而从生产要素配置于资源开采的角度来理解资源向市场的供应。其做法源自于李宾（2013）。若坚持使用资源储量有限的假设，则资源消耗量的路径就总是由多到少，将与事实不符。

（四）均衡条件

均衡条件为各区域的两个要素市场均出清：

$$K_{j,t} = K_{j,t}^{F} + K_{j,t}^{N}, L_{j,t} = L_{j,t}^{F} + L_{j,t}^{N}, \forall j \qquad (7-5)$$

二、气候变化模块

气候变化与经济系统相联系的机制是：化石能源的消耗产生出温室气体，使得气候变暖；气候的变暖给经济系统带来损失，也使得人们为了维持适宜的环境温度而消耗更多的能源。

（一）化石能源与碳排放

多个文献都提到，碳排放量与化石燃料的消耗之间是固定比例关系，比如 IPCC（2006）。我们直接借用本书第五章中的固定系数取值：0.894；即，1000 克原油当量的消耗，将发生 0.894 千克的碳排放。

（二）碳循环

在碳循环等随后几个环节上，这里基本上沿袭了 RICE-2010 的设定。用 $M_{AT}(t)$、$M_{UP}(t)$、$M_{LOW}(t)$ 分别表示大气层、地表层和深海层的二氧化碳储量。碳循环过程可由下面的简化式矩阵方程来描述：

$$\begin{pmatrix} M_{AT}(t) \\ M_{UP}(t) \\ M_{LOW}(t) \end{pmatrix} = \begin{pmatrix} E_t \\ 0 \\ 0 \end{pmatrix} + \begin{pmatrix} 0.88 & 0.047 & 0 \\ 0.12 & 0.948 & 0.0008 \\ 0 & 0.005 & 0.9993 \end{pmatrix} \begin{pmatrix} M_{AT}(t-1) \\ M_{UP}(t-1) \\ M_{LOW}(t-1) \end{pmatrix} \qquad (7-6)$$

与经济系统通常以一年为观察时段的做法不同的是，（7-6）式中碳循环流动频次是以十年为一期。因此，（7-6）式的"t"与经济模块中含义不同。这种差别在程序中会反映出来，在行文中则以表述概念为主。

（三）温室效应与气温变化

二氧化碳浓度与辐射强迫之间的关系由下式给出：

$$F_t = \frac{3.8}{\ln 2} \ln(M_{AT}(t) \div M_{AT}(1750)) \tag{7-7}$$

其含义是，大气碳浓度相对于 1750 年的每翻一倍，辐射强迫水平将提高 3.8 倍。辐射强迫的变化将带来地表气温 $T_{AT}(t)$ 和深海温度 $T_{LOW}(t)$ 的变化。它们的简化式 VAR 动态演变方程是：

$$T_{AT}(t) = T_{AT}(t-1) + 0.208 \times [F_t - 3.8 \times T_{AT}(t-1) \div 3.2 - 0.31 \times (T_{AT}(t-1) - T_{LOW}(t-1))] \tag{7-8}$$

$$T_{LOW}(t) = T_{LOW}(t-1) + 0.05 \times (T_{AT}(t-1) - T_{LOW}(t-1)) \tag{7-9}$$

式（7-6）、式（7-8）、式（7-9）是 Nordhaus 根据 AOGCM 的预测用计量方法拟合出来的。在 RICE-2010 中，只是系数的取值稍有变化，联立方程的形式仍是一样的。

（四）气候变化的经济影响

在气候变化对经济系统的影响方面，Nordhaus 的 RICE-2010 相对于以往的 DICE 系列模型，做了一个重要的改动，即把损害分为了海平面上升（SLR）的和非海平面上升的两部分。它对前者的设定较为复杂，多与自然科学相关联；因此，我们直接沿袭了这一设定。对于后者，它设定的损害占产出的比例是 $\theta_{1,j} \times T_{AT}(t) + \theta_{2,j} \times T_{AT}^2(t)$。本章以一个指数项 $e^{-\eta_{1j}(1-\alpha_j-\beta_j)(T_{AT}(t)-\eta_{2j})^2}$ 来拟合之。参数校准方式详见本章第三节。

三、碳减排

人们可通过投入经济资源来降低能源使用过程中温室气体的排放量。用 $\mu_{j,t} \in [0,1]$ 代表区域 j 的碳减排幅度，为达到该减排幅度，所需的投入占产出的比例由（7-3）式中的 $\Lambda_{j,t}$ 来体现：

$$\Lambda_{j,t} = \text{cost}_{j,t} \times \mu_{j,t}^{2.8} \tag{7-10}$$

$\text{cost}_{j,t}$ 是外生变动的区域 j 的二氧化碳减排成本系数。（7-10）式的含义是，人们要求的减排幅度越大，相应的资源投入就要越多，而且呈现出加速增多的特征。这里隐含了资本积累行为之外的又一个跨期优化机制：温室气体浓度可视为一种负面的资本存量；对碳减排的选择是从现有产出中分出一部分来降低这种负面资本的积累，以减轻未来气候变化带来的损害，从而有利于未来的消费。

有了碳减排的努力后，各区域的碳排放为：

$$E_{j,t} = Eland_j \times 0.8^t + 0.894 \times N_{j,t} \times (1 - \mu_{j,t}) \qquad (7-11)$$

第一项代表由土地利用变化所产生的二氧化碳净排放。它被设为外生变化：期初每年排放 $Eland_j$ 亿吨碳，然后下一期的是上一期的 80% 。

第三节　数据来源与参数校准

IAM 模型普遍维度较高，只能借助数值计算来观察内生变量的转移动态路径，为此，需要对模型中的参数做校准，设置状态变量的初始值，然后用某个数值模拟软件计算出未来一段时期中各内生变量的变动轨迹。在此过程中，需要注意不同国家的数据应有可比性，比如 GDP 都基于购买力平价（PPP）的美元，才可进行加总。我们根据世界银行、CDIAC 等来源，在有限的数据可得性下对各国采用一致且口径可比的方法，对模型中的参数给出了估计，更新了初始值。

数据处理的思路是，只要 RICE – 2010 中的参数和初始值是合理的或准确的，就不改动；否则，就更新之。具体而言，气候变化模块中的参数基本上全部沿袭自 RICE – 2010，相关取值已在前文给出了标示或来源说明。在经济系统模块中，时间偏好率 ρ 取 1.5，消费的边际替代弹性 σ 取 1.5，处于传统上的合理范围。人口和全要素生产率（TFP）的变动，则因对它们在未来数百年中的预测很难做到准确，甚至对 2005 年初始 TFP 变动率的计算也存在着数据不足的困难，所以保留了 RICE – 2010 中的取值。对由模型结构的差异所引出的全新的参数和初始值，则必须做校准。经过甄别，有以下一些指标进行了更新或引入；结果见表 7 – 1。

一、初始人口、GDP、化石能源消耗量

这里以 2005 年为初始年份。初始的人口和 PPP 的 GDP 数据在 RICE－2010 中不是很准确，故基于世界银行 WDI 数据库做了更新。另外，还可由 WDI 数据库和 IEA 算出 1970—2009 年的各国化石能源消耗量 $N_{j,0}$。

二、初始资本存量

资本存量的估算是个很棘手的环节。第一，该指标本身的估算存在着概念上的困惑和数据可得性上的障碍。第二，我们固然可以基于一国的 GDP 和投资流量序列，用传统的永续盘存法估计出 2005 年的资本产出比，进而乘以 PPP 的 GDP 来获得 PPP 意义上的资本存量，但是对于像本章这样划分不同区域的分析而言，很有可能出现不同区域的资本收益率相差较大的情况。在没有任何因素阻碍要素流动的虚拟模型世界里，这将会使得某些区域的资本积累行为表现怪异，比如储蓄率趋于 0。为了规避这类异常结果，本书采用了一种不同于永续盘存法的方式来设定资本存量的初始值，即，先设定各区域的资本净收益率为 6.5%，再为部分区域赋予一个额外的少量加成，从 0.5% 到 3% 不等，以反映它们的收益率较高的现实。这么做不能完全避免资本流动的倾向，却可以减轻这一倾向带来的影响。

设定净资本收益率后，把它加上折旧率 5%，获得毛资本报酬率，即平时所说的 MPK，呈现于表 7－1 中 $r_{j,0}$ 那一列。在总量生产函数是一次齐次的假设下，可有 $rK = \alpha Y$。因 r 已设定好，经济规模 Y 已知，资本产出弹性 α 可根据数据计算出来，从而资本存量 K 可得。

表 7-1　与 RICE-2010 不同的参数和初始值

初始值的时间：2005 年	β_j	α_j	$1-\gamma_j$	$s_{j,0}$	GDP	$K_{j,0}$	人口	$N_{j,0}$	$r_{j,0}$
美国	0.5931	0.374	0.303	0.202	12.58	43.42	2.96	19.95	0.115
欧盟	0.5372	0.4262	0.2854	0.213	14.02	52.87	5.34	14.30	0.120
日本	0.4997	0.4793	0.3263	0.238	3.87	16.62	1.28	4.24	0.115
俄罗斯	0.529	0.2974	0.2026	0.212	1.70	5.48	1.43	5.91	0.135
东欧、独联体	0.563	0.3986	0.3873	0.313	1.27	4.12	1.94	3.76	0.130
中国	0.3872	0.5274	0.3094	0.416	5.36	25.16	13.04	14.42	0.125
印度	0.2729	0.6828	0.3382	0.359	2.52	13.79	11.40	3.66	0.130
中东	0.5394	0.4433	0.4627	0.190	2.10	6.56	1.92	5.18	0.145
非洲	0.4525	0.4311	0.3597	0.197	2.14	8.02	9.09	2.90	0.135
拉丁美洲	0.2943	0.5856	0.0889	0.252	4.76	25.44	5.56	5.02	0.130
其他发达国家	0.5026	0.4449	0.2785	0.267	3.45	13.90	1.17	5.31	0.120
其他亚洲国家	0.3872	0.4948	0.3094	0.254	2.64	11.70	9.67	4.02	0.130
全球合计				56.41	227.10	64.78	88.67		

注：GDP 和资本存量的量纲是万亿美元（2005 年 PPP，下同），人口的量纲是亿人，化石能源消耗量的量纲是亿吨原油当量。折旧率：5%。

三、要素产出弹性

要素产出弹性的估算思路参照自李宾（2013）。具体做法是：从 OECD 在线图书馆找到 2006—2009 年数十个国家的收入法 GDP 及其组成；取表中产业总值减去制造业总值的差，作为能源部门的当年产值；同理，用产业总劳动报酬减去制造业的劳动报酬，作为能源供应部门的劳动报酬。将分割为两块的劳动报酬除以对应的产出（增加值），即为与模型中两部门的划分接近一致的劳动产出弹性。之所以如此，是因为通行的统计体系把产业总值分为了三个部分：采矿业，制造业，电力、燃气及水的生产和供应业。虽然上述计算方式在口径上比模型所代表的区分要宽，不过这已经是在可得数据下所能达到的最小偏差的选择了，而且在各国间的口径是相同的。能源的产出弹性由分割出的能源部门产出除以总产出而得。进而，把一国 2006—2009 年各年的计算结果做算术平均，作为该国的要素产出弹

性。再将各国划入 12 区域，根据 2009 年 PPP 的 GDP，按其在该组有数据
国家的 GDP 总和的比重加权求和，然后计算出各大区域的要素产出弹性。
中国的相关弹性系数则根据《中国统计年鉴》"分行业增加值"表和
"2007 年投入产出基本流量表（中间使用部分）"表计算而出①。最终品部
门的资本产出弹性是用 1 减去劳动产出弹性和能源产出弹性；能源部门的
资本产出弹性则是用 1 减去该部门的劳动产出弹性。

四、初始储蓄率

如果以 2005 年为初始时间，由于储蓄行为已经发生，因此，2005 年
的储蓄率不是控制变量。但 RICE – 2010 给出的初始储蓄率与实际值存在
偏差，所以这里重新确定之。做这个工作时，也存在着数据不全、不同国
家币种不一的问题。根据 OECD 的支出法 GDP 及其组成，用资本形成总额
除以 GDP，获得各国储蓄率的值。再以 PPP 的 GDP 为权重，合成出各区域
的初始储蓄率。

五、折旧率

折旧率是一个重要参数；它对消费和储蓄的跨期优化选择影响较大。
根据 $K/Y = s/(g + \delta)$，RICE – 2010 设定的 10% 与基于数据所得的结果相差
较大。本书从美国经济分析局（BEA）直接拿到固定资产 K、总产出 Y 的
实际值，并推算经济增长率 g、储蓄率 s，进而计算出 1994—2009 年的平
均资本产出比为 3.13、平均经济增长率 3.18%、平均储蓄率 25.6%，从
而折旧率约为 5%。另一种计算折旧率的方式，是根据折旧额。由 BEA 的
现价成本折旧额与数量指数，得出 2005 年不变价的折旧额；再用现价固定
资产及数量指数，得出 2005 年不变价的固定资产。用折旧额除以当年的固
定资产，所得的折旧率没超过 4.3%；若除以前一年的固定资产，折旧率
也未高过 4.4%。两种独立的方式都表明 10% 的折旧率偏高。李宾

---

① OECD 在线图书馆未提供中国的收入法 GDP 数据。

（2011）计算出，我国在 1993 年之后的折旧率为 5%—7.5%。综上来看，这里把折旧率设定为 5%。

表 7-2　气候损害系数、土地利用变化初始值、TFP 初始增速

	$100\theta_1$	$100\theta_2$	η_1	η_2	η_3	Eland	$g_{TFP,0}$
美国	0.000	0.141	0.00048	-0.00132	0.04365	0	0.91%
欧盟	0.000	0.159	0.00054	-0.00151	0.04423	0	0.98%
日本	0.000	0.162	0.00098	-0.00271	0.07838	0	0.83%
俄罗斯	0.000	0.115	0.00006	-0.00017	0.00672	0	1.57%
东欧、独联体	0.000	0.131	0.00035	-0.00096	0.03448	0	1.49%
中国	0.079	0.126	0.00018	0.00870	0.01501	0	4.31%
印度	0.439	0.169	0.00096	0.09616	0.02894	0	2.74%
中东国家	0.278	0.159	0.00183	0.15543	0.09497	0	1.42%
非洲	0.341	0.198	0.00043	0.02807	0.01779	3	2.20%
拉丁美洲	0.061	0.135	0.00014	0.00469	0.01141	6	1.76%
其他发达国家	0.000	0.156	0.00037	0.00102	0.03030	0	1.14%
其他亚洲国家	0.176	0.173	0.00027	0.01410	0.01514	7	1.69%

六、气候变化的损害系数

在气候变化对经济系统的影响参数的校准方面，这里借鉴 Weitzman（2008）的做法，以 RICE-2010 的损害系数为基准，拟合出对应于本章模型的参数值。首先，为 T_{AT} 取值 0.1，0.2，…3.5，然后根据 RICE-2010 的损害设定，算出非 SLR 损害占 GDP 的比例序列 D_t。再由本章（7-3）式的设定

$$1 - e^{-\eta_{1j}(T_{AT}(t) - \eta_{2j})^2(1 - \alpha_j - \beta_j)},$$

使用如下的线性回归方程来拟合：

$$-\frac{\ln(1 - D_t)}{1 - \alpha - \beta} = \eta_1 + \eta_2 T_{AT} + \eta_3 T_{AT}^2(t) \qquad (7-12)$$

由最小二乘法得出气候损害的三个系数值。各区域的回归结果见表 7-2；它们都在 5% 水平上统计显著。由土地利用变化所带来的碳排放量初始值 Eland 和各区域 TFP 增速初始值，也一并放在了表 7-2 中。

第四节　对模型的数值求解与分析

在前述工作的基础上，本书借助 *Premium Solver Platform v*11.5，执行数值求解。程序中有两套分区域的控制变量，一套是碳减排幅度，另一套是储蓄率。它们都意味着人们愿意牺牲多少当前利益来换取长远利益的改善，只不过前者针对碳排放和温室效应，后者是标准的新古典增长模型的跨期优化机制。碳税的计算由社会碳成本的概念而来（Nordhaus，2011b；Greenstone et al.，2011）[①]，即：用碳减排的边际成本除以碳排放量对碳减排幅度的导数。数值计算的时间区段涵盖了从 2005 年起的 600 年，而结果的报告是前 100—150 年。这么做是为了在能看到气温由升转降的前提下，让时间终点的横截性条件尽可能少地影响到前期的行为选择。[②]

一、我国的碳减排幅度与碳税水平

图 7-1 展示了本章工作的主要结果：碳减排幅度和与之相对应的碳税水平。从 2005 年起，我国化石能源应被替代的幅度将逐渐递增；2015 年为约 9%，截至 2055 年，每十年提高约 8%，2055 年之后减排力度的要求升高，每十年需提高约 15%，并在 21 世纪末到达 100%，即完全不使用化石能源。与 RICE - 2010 的计算结果相比，这里在中前期的碳减排要求低一些，中后期的则高一些，呈现出凸函数的特征，而 RICE - 2010 则几乎是以直线上升，每十年上升的幅度相近。

---

① 私人在使用化石燃料过程中，每一吨二氧化碳的排放都将增加整个社会在长期中所面对的风险，从而社会成本是一个正数；而私人虽然支付了燃料的费用，但是并没有为整个社会所承受的风险有所支付，所以私人成本小于社会成本。通过征收某个碳税，使得私人成本等于社会成本，就是帕累托有效的理想状态。

② 若预测 150 年就做 150 年的数值计算，则在时间终点时，最优的资本存量将趋于 0。这显然将大大影响所做计算的合理性。

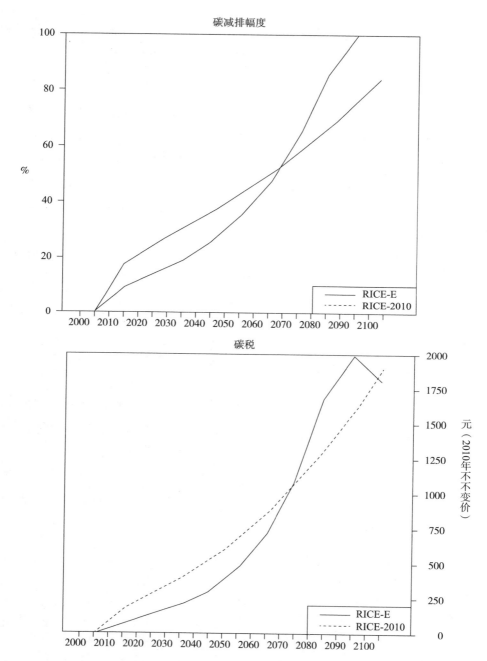

图 7 – 1　RICE-E 与 RICE – 2010 模拟计算出的中国碳减排力度

数据来源：来源于本章模型与 RICE – 2010 的数值计算，下同。

碳税水平的表现和碳减排幅度相似：RICE-E 比 RICE – 2010 具有更为明显的凸函数特征，具体数值可参见表 7 – 3。2015 年一吨碳排放在我国的社会成本为 68.7 元（2010 年不变价，下同）。一个应用的例子是：一升 93 号汽油重量为 0.725 公斤，碳含量为 85%，燃烧时碳的氧化率为 91.8%，从而消耗一升 93 号汽油将排放 0.5657 公斤碳或 2.074 公斤二氧化碳；换算为碳税，一升 93 号汽油需缴纳约 4 分钱。这个负担看起来易于承受。在 2025 年，一吨碳排放碳税约 132 元，相当于一升 93 号汽油 7.5 分钱。到 2095 年，一吨碳排放的碳税为 1989 元，折合一升汽油的碳税为 1.13 元。

RICE-E 相对于 RICE – 2010 的预测差异可视为嵌入气候加速变暖机制后的体现，即：随着气温的提高，额外消耗的化石能源越来越多，气候变暖的潜在幅度加大，于是要求减排的力度更大，方可符合社会的最优利益。所以，后期的减排提升幅度要高于前期。此外，RICE-E 的碳减排幅度比 RICE – 2010 提前了 30 年到达 100%。可见，当气候变化对经济系统发生影响的设定不同时，对碳减排的要求有较大差异。

二、主要气候变量与经济变量

图 7 – 2 展示了计算出的全球气温及海平面上升幅度。气温高于工业革命之前的幅度从 2005 年的 0.83℃ 开始逐步上升，每十年大概上升 0.2℃。经过 120 年，气温偏高幅度达到顶峰 3.27 度。这是在全球采取了一定程度的碳减排措施下才有的成果；如果自由排放，则气温上升幅度将更高，由升转降的拐点时间也将推迟更多。与 RICE – 2010 的计算相比，这里稍有差别，但差别不大。RICE – 2010 的气温上升顶峰是在 2135 年达到 3.0 度，拐点稍晚，但峰值稍低。

海平面的上升高度呈现出微弱的凸函数特征。2005 年海平面上升约 0.12 米，其后每个十年升高的幅度逐步攀升。2005—2015 年海平面上升 2.3 厘米，2085—2095 年上升 9.2 厘米，截至 2095 年，总的上升幅度为 0.61 米。由于气温始终偏高，所以海平面上升的进程一直持续，在可预见

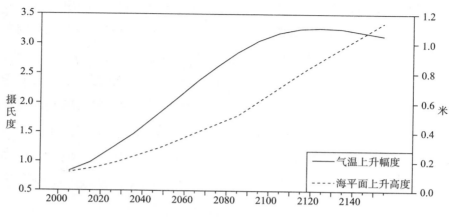

图 7-2　气温偏离 1900 年的幅度和海平面上升高度

的未来，都不会转为下降。

图 7-3 展示了两个主要经济变量的未来轨迹。人均产出从 2005 年的 1.8 万元以典型的指数形式上升，在 2015 年达到 3.37 万元，2025 年达到 5.51 万元，2045 年突破 10 万元，到 21 世纪末约为 40 万元。不过，经济增速是逐渐降低的。每十年的增速从第一个十年的 86.4% 下降到 21 世纪末的 24.2%，收敛于当前发达经济体的平均增速。

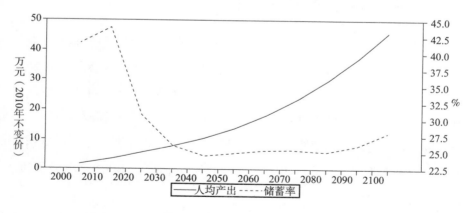

图 7-3　人均产出和储蓄率

储蓄率是在碳减排幅度之外的另一个控制变量；选择了它，也就决定了产出在消费和积累之间的分配。储蓄率从 2005 年的较高水平 41.6%，在第一个十年仍然继续上升，达到 43.7% 之后才转而下降。这个结果表明，我国当前的高储蓄率也许有其客观存在的理由，而且还要经过数年才会开始下降。截至 21 世纪中叶，储蓄率将基本稳定在 25% 左右。

三、不同区域碳减排幅度的对比

为了了解我国碳减排压力在国际上的相对大小，有必要看一看各大国或区域的碳减排幅度的递进进程。图 7－4 展示了世界主要大国的情况。其中，实线为中国的轨迹。观察可知，各国的碳减排都呈现出加速递进的特征，并非仅中国如此。判断碳减排压力大小的依据，可根据谁更快到达100%；在同一时间达到的，则要此前碳减排率的高低。

表 7－3 我国的最优碳税水平（元／吨碳，2010 年价人民币）

	2015	2025	2035	2055	2075	2095
RICE-E	68.70	132.05	199.89	462.23	1093.19	1988.57
RICE－2010	165.76	281.49	388.86	674.72	1068.90	1587.88

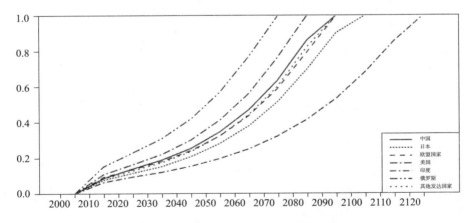

图 7－4 主要大国或区域的碳减排幅度

计算的结果为：俄罗斯、东欧和独联体的减排压力最大，这倒让人意外，因为这些国家原本应该在 2075 年就达到完全减排。其次是美国，为2085 年；紧接着的是非洲、中国、其他发达国家、欧盟、拉丁美洲，为2095 年；然后是中东国家、日本，为 2105 年；碳减排压力最轻的是其他亚洲国家和印度，分别在 2115 年和 2125 年实现完全减排。有的区域（比如非洲）的基础数据不足，所以其减排压力排名仅为参考。

总体来看，排在前面的要么是能源消耗大国，比如美国和中国，要么是能源使用效率很低的区域，比如俄罗斯，其化石能源强度高达一美元GDP 需要 0.348 公斤原油当量，东欧和独联体则为 0.3，都远高于其他区域 0.1—0.2 的水平。从这个角度看，中国引人注目的经济规模和当前全球第一的化石能源消耗量，使得它承受了被稍许夸大了的碳减排压力。中国的压力固然处于前列，但从本章的计算来看，中国不应成为众矢之的。不仅美国、俄罗斯的碳减排压力比我国的更大，而且欧盟、拉美、加拿大和澳大利亚等国家或区域也和我国处在同一档次上。这为重新理解和思索我国参与国际碳减排谈判的策略提供了借鉴作用。

四、我国的碳排放量与碳排放强度

图 7-5 展示了我国碳排放量和相应的碳排放强度的轨迹。可以看到，在最优碳减排幅度下，我国碳排放量由升转降的拐点在 2055 年前后。朱永彬等（2009）等国内文献在这个方面的计算结果并不一致，但大致都在 21 世纪中叶。对比来看，本章的计算结果虽然没那么乐观，但也不算离谱。而且，顶峰时期由化石能源而产生的碳排放量约为 30 亿吨，这个水平基本处于国内文献对峰值的预测区间之内。

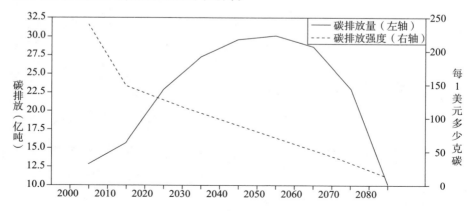

图 7-5 我国碳排放量与碳排放强度的预测轨迹

图 7 - 5 还展示了在最优碳减排幅度下未来碳排放强度的轨迹。2005 年我国每 1 美元产出需排放 240 克碳；到 2020 年该指标下降为 137 克，降幅约为 43%。这是一个意外的有趣结果，恰好处于我国政府所承诺的在 2020 年把碳排放强度降低 40%—45% 的区间之内。这似乎从一个角度表明，我国在哥本哈根峰会上所做的承诺是有一定合理性的。

第五节　本章小结

碳减排是一个全球公共品的提供问题。任何一个国家在这方面的付出和努力都具有很大的外部性。中国作为近年来增长最快的经济体，不仅与其他国家一样受到外部性的困扰，更承受着不同寻常的碳减排压力，而在常识上，激进的碳减排行动很可能损害经济增长的潜力；但如果中国减排不力，化石能源的消耗和相应的碳排放量将高出其他经济体越来越多，势必导致在国际碳减排会议上的压力越来越大。

在 RICE - 2010 模型基础上，本章构造出 RICE-E 模型，并更新了参数和初始值。数值计算表明，我国近期所需的碳减排幅度似乎并不难承受，每吨碳排放的社会成本不足百元。以最常见的 93# 汽油为例，2015 年的碳税仅为每升 4 分钱，到 2025 年也只有 7.5 分钱。当然，本章的计算仅仅是一个估算，其准确度还存在着改进的空间，在实践中也需考虑操作性、时滞性等因素。但最重要的是，这里的计算反映出初期的碳减排成本是可以承受的，而在 2015—2020 年以开征碳税等方式来推行碳排放是有成本的概念，却是一举多得——既有助于促使国民减少化石能源消耗，又可缓解中国在联合国气候变化会议上所面对的压力。

对各大国碳减排幅度所做的对比分析表明，中国的碳减排进程固然位于前列，但是，一则中国的压力处在俄罗斯和美国之后，还有其他国家比我国应该更激进地减排，二则像欧盟、拉美、其他发达国家等很多经济体的碳减排进程都和中国的相差无几。由此可见，对气候变暖的治理不是一

个国家的事情，需要全部国家的共同参与和分担。我国在碳减排上采取必要的行动，将有助于增进国际上的认同。

　　说明：本章内容由李宾（2014）整理而来，即发表在 2014 年 8 月份《南方经济》上的《我国碳减排的定量评估》一文。

第八章

>>> 碳排放与产业结构变迁——
分行业的IAM应用

气候变化综合评估模型（IAM）不仅可以用来进行分区域的分析，也可以用来进行分行业的分析。本章就是这个方面的一个应用例子。在考虑碳排放所具有的全球外部性的前提下，本章对我国产业结构与碳排放的关系进行分析。通过扩展 RICE－2010 这一气候变化综合评估模型，细分出44 个行业，并把国外作为一个独立主体，从而对全球外部性视角下的碳排放与产业结构变迁进行分析。数值模拟结果表明，电力生产、交通运输、黑色金属冶炼、石油加工是设计碳减排政策时需优先关注的四个行业；我国 CKC 的拐点大致出现在 2060 年左右；届时，产业结构的格局将呈现出服务业比重高于工业比重的典型特征。

第一节　文献背景

相对于碳排放库兹涅兹曲线（CKC），从产业结构变化来理解一国的碳排放轨迹，可提供更多的信息。各国的发展历程表明，经济的增长一般先由工业带动，然后服务业的比重将超过工业的并逐渐上升到 70% 左右（即产业结构的软化）（井志忠、耿得科，2007）。由于工业是高碳排放的，服务业则低碳得多，所以人均碳排放先升后降的倒 "U" 型特征可从工业比重先升后降、服务业比重稳步上升的角度来理解。CKC 把人均收入与人均碳排放联系起来（王萱、宋德勇，2013），固然有人均收入这一指标简洁、直观的优势，但也体现了两个重要变量之间的统计关系；产业结构的变迁则是一个能反映出 CKC 背后的发生机制的观察角度。

近期的一些文献已经在做这方面的工作。通过计算影响力系数与碳排放影响力系数来分析产业结构对碳排放的影响，进而提出产业结构调整的方向（孟彦菊等，2013）。其中的理论逻辑是，产业结构变动主要表现为产业之间产值比重的相对变化，这种变化主要取决于其相应资源投入的规模和资源利用的效率（周冯琦，2001）。因此，产业结构其实是一种资源转换器，即通过产业间的有效运转，把社会各种资源的总和不断转化为各种产品和劳务（毛健，2003）。由于经济增长和产业发展对化石能源有着直接或间接的依赖作用，不同产业对能源的依赖程度存在着差异，经济增长和产业结构的演进必然会对碳排放量和气候变化产生影响（张维阳、段学军，2012）。

从技术方法上划分，已有的研究大致可以分为三类（查建平等，2013）：一是因素分解法，比如 Laspeyres 完全指数分解法（涂正革、王玮，2013），聚类分析法（蒋毅一、徐鑫，2013），规模效应、技术效应、结构效应的区分（贾惠婷，2013）。二是面板计量经济分析法（郑长德、刘帅，2011；徐彤，2011；姚西龙，2013；杨骞、刘华军，2013）；各文献的区别在于所针对的碳排放对象、行业划分的细致程度以及计量模型设定、变量选取上有所不同。常见的是三次产业划分并使用省际面板数据，少量文献尝试把三次产业细化，比如周荣蓉（2013）就细分到了农业、工业、建筑业、交通业和商业。三是投入产出分析法与可计算一般均衡法（CGE）。祁神军等（2013）使用 ICCE-IC 组合矩阵的投入产出法，分析了我国 43 个产业部门二氧化碳排放量的分布结构。樊星等（2013）借助动态递推的中国经济—环境 CGE 模型，发现了单一的低碳经济政策存在的不足之处，进而给出了将各种减排政策形成一体化的建议。石敏俊等（2013）也以 CGE 为分析工具，探讨了碳税与碳交易市场结合运用的议题。

可以看出，从早年的 Kaya 恒等式到近年的这些技术方法，它们的研究目标从甄别碳排放的影响因素逐步深入到更细致的方面。投入产出法就是尝试从产业与产业之间复杂的投入产出关系来把握碳生产率的情况。CGE 法则更进一步，在投入产出表所提供的数据基础上（即 SAM 表），借助一般均衡框架，引入单次的外生政策变量冲击，来观察该政策变化对经济系统带来的影响。经济计量法则属于局部均衡的范畴；它判断的是某个变量如何受到其他变量的单向的、外生的影响。与之相比，CGE 模型是一般均衡的思路；其中，产品市场与要素市场的数量和价格都是内生的，或者说，是双向的影响。但由于模型的维度太高，CGE 必须借助数值计算得出各内生变量的数值解。CGE 主要应用于政策分析可模拟静态的政策实施对经济系统的冲击（袁嫣，2013）。

本章所做的是方法论上的改良，属于第三类分析技术中的 CGE 法。我们借用 Nordhaus（2010）的 RICE-2010 模型，将其修改为容纳 44 个细分行业的动态演变的一般均衡模型。由于碳排放具有全球外部性，一国某个行业的碳排放并不像二氧化硫那样仅仅影响本国，国外的碳排放对该国并非没有影响，所以，在使用一般均衡框架来探讨碳排放时，仅看本国的行业分类而忽略国外处理方式的做法是有缺陷的。本章在 RICE-2010 这一气候变化综合评估模型（IAM）的基础上展开，把原有的全球 12 个国家群重新编组，中国以外的国家全部被纳入"国外"，中国的 44 个行业各为一个行为主体，相应地校准参数和初始值，再进行数值计算，得出百余年跨度上的经济变量、气候变量及碳排放的预测序列。这样一来，在观察我国产业结构变动的同时，也兼顾到了碳排放的全球外部性；我国和国外的碳排放，对全球气候变化进程共同产生影响，同时，经济部门也反过来受气候变化的影响。

此外，产业结构的变化是一个低频的长波现象，变动比较缓慢，而 CGE 通常都是静态的模型。静态 CGE 只能观察从基准期到下一期的变化。如果两期间隔是一年的话（通常如此），产业结构的变动幅度就可能微乎其微。因此，作为一类动态的特殊 CGE 模型，在把握产业结构与碳排放方面，IAM 比传统 CGE 更具有优势。再者，本章容纳多达 44 个细分行业，而多数文献在处理时仅仅局限于一、二、三产的划分。产业划分越细，观察的伸缩性越高，研究者可以把计算结果按照需要进行加总，满足不同角度的观察需求。

本章作为一个方法上的改良，期望回答的问题为：各行业中，碳减排压力最大的是哪几个？在实现完全减排时，各行业的累积"贡献"是怎样的？在碳排放的拐点处，我国的产业结构是一个什么状态？

第二节　模型与参数

鉴于前文已经用过 DICE-E 和 RICE-E 模型，这里不妨使用 Nordhaus 的模型来进行分析。Nordhaus 的 RICE – 2010 是一个气候变化综合评估模型（IAM）。如前所述，IAM 的突出特征是把经济系统、碳循环、自然系统结合在一起，用数值计算的方法捕捉它们之间的相互影响。IAM 模型基本结构是：经济系统在运转过程中产生二氧化碳，二氧化碳的累积使得大气环境系统发生变化，这种变化进而影响经济系统，形成一个循环。RICE – 2010 与其他 IAM 的主要不同之处是将全球划分为 12 个经济体[①]。为了观察我国产业结构变化对碳排放的影响，并同时容纳碳排放的全球外部性特征，本书将 RICE – 2010 加以改造——除了中国以外的所有国家合起来作为"国外"，中国的 44 个行业分别作为独立行为的主体，另加上"生活消费"部门（该部门只发生碳排放，但不作行为选择）。亦即，模型结构采用 RICE – 2010，而分散决策的行为主体进行了重新设置，具体为国外、我国 44 个行业和生活消费部门，共计 46 个；模型中的相关参数亦须相应地做出调整。

---

　　① 这 12 个经济体是：美国、欧盟（26 国）、日本、俄罗斯、东欧和独联体（23 国）、中国、印度、中东国家（15 国）、非洲（53 国）、拉丁美洲（39 国）、其他发达国家（7 国）、其他亚洲国家（28 国或地区）。

一、RICE－2010 的模型结构

每个行业均被假设为一个独立的经济系统，其社会福利函数定义在一段时期内劳均消费所带来的效用贴现和之上：

$$\sum_t \frac{L_{j,t}}{(1+\rho)^t} \frac{(C_{j,t}/L_{j,t})^{1-\eta}}{1-\eta} \qquad (8-1)$$

参数 ρ（取值 1.5）是社会时间偏好率；η（取值 1.5）为消费的边际效用弹性；$C_{j,t}$ 是第 j 个行业在第 t 期的总消费；$L_{j,t}$ 为行业就业人数，它被设为外生变动。行业 j 的家庭拥有资本和劳动两类要素。给定资本品的租金率 $r_{j,t}$ 和劳动工资 $\omega_{j,t}$，他们选择 $C_{j,t}$，在（8-2）式的约束下最大化目标函数（8-1）式：

$$K_{j,t+1} = r_{j,t} K_{j,t} + \omega_{j,t} L_{j,t} - C_{j,t} + (1-\delta) K_{j,t} \qquad (8-2)$$

参数 δ（取值 7.5%）为折旧率，$K_{j,t}$ 是资本存量。

假设所有产品市场和要素市场均为竞争性市场。每个行业的净产出 $Y_{j,t}$ 由资本、劳动形成，并且要扣除减排成本的部分 $\Lambda_{j,t}$ 和气候损害的部分：

$$Y_{j,t} = (1-\Lambda_{j,t}) A_{j,t} (L_{j,t})^{\alpha_j} (K_{j,t})^{1-\alpha_j} \frac{1}{1 + \theta_{1,j} \times T_{AT}(t) + \theta_{2,j} \times T_{AT}^2(t)} \qquad (8-3)$$

$A_{j,t}$ 是行业 j 的全要素生产率；参数 α_j 是劳动的产出弹性。等号右边的分式代表气温升高所引起的负面影响。$\theta_{1,j}$、$\theta_{2,j}$ 是气候损害系数，$T_{AT}(t)$ 为全球平均气温高于 1961—1990 平均值的幅度[①]。$\Lambda_{j,t}$ 是减排投入占产出的比例，它与减排幅度 $\mu_{j,t} \in [0,1]$ 相关：

$$\Lambda_{j,t} = cost_{j,t} \times \mu_{j,t}^{2.8} \qquad (8-4)$$

$cost_{j,t}$ 是外生变动的碳减排成本系数；$\mu_{j,t}$ 是有待选择的控制变量。

碳排放 $E_{j,t}$ 与经济活动相关：

$$E_{j,t} = Eland_j \times 0.8^t + \sigma_{j,t} \times Y_{j,t} \times (1-\mu_{j,t}) \qquad (8-5)$$

---

① *RICE*－2010 将气候损害分为海平面上升的（*SLR*）和非海平面上升的两部分。式（8-3）展示的是后者。*SLR* 的设定较为复杂，出于表述简洁的考虑，未展示出来。

第一项代表由土地利用变化所产生的净 CO_2 排放。它被设为外生变化：期初每年排放 $Eland_j$ 亿吨碳，下一期是上一期的 80%。$\sigma_{j,t}$ 是外生变化的碳排放强度。

全球总的碳排放 $E_t = \sum_j E_{j,t}$。它进入全球碳循环过程，对气候发生影响。以 $M_{AT}(t)$、$M_{UP}(t)$、$M_{LOW}(t)$ 分别表示大气层、地表层和深海层的二氧化碳储量。碳循环过程可由下面的简化式矩阵方程来描述[①]：

$$\begin{pmatrix} M_{AT}(t) \\ M_{UP}(t) \\ M_{LOW}(t) \end{pmatrix} = \begin{pmatrix} E_t \\ 0 \\ 0 \end{pmatrix} + \begin{pmatrix} 0.88 & 0.047 & 0 \\ 0.12 & 0.948 & 0.0008 \\ 0 & 0.005 & 0.9993 \end{pmatrix} \begin{pmatrix} M_{AT}(t-1) \\ M_{UP}(t-1) \\ M_{LOW}(t-1) \end{pmatrix} \quad (8-6)$$

大气中二氧化碳浓度的变化带来温室效应的变动，后者由辐射强迫 F_t 来表示：

$$F_t = \frac{3.8}{\ln2} \ln(M_{AT}(t) \div M_{AT}(1750)) \quad (8-7)$$

其含义是，大气碳浓度相对于 1750 年每翻一倍，辐射强迫水平将提高 3.8 倍。辐射强迫的变化将带来地表气温 $T_{AT}(t)$ 和深海温度 $T_{LOW}(t)$ 的变动。其简化式 VAR 动态演变方程是：

$$T_{AT}(t) = T_{AT}(t-1) + 0.208 \times [F_t - 3.8 \times T_{AT}(t-1) \div 3.2 - 0.31 \times$$
$$(T_{AT}(t-1) - T_{LOW}(t-1))] \quad (8-8)$$

$$T_{LOW}(t) = T_{LOW}(t-1) + 0.05 \times (T_{AT}(t-1) - T_{LOW}(t-1)) \quad (8-9)$$

二、参数与初始值

上述模型显然维度太高，必须借助数值计算才可观察内生变量的动态演变。我们使用软件 *Premium Solver Platform v*11.5 来做程序调试。但在此之前，需根据模型给出国外和我国各行业的参数及状态变量的初始值（以 2010 年为初始期）。部分参数的取值已经在前文标示或说明，表 8-1 列出了其他的主要参数和初始值，并说明如下。

[①] 详细介绍可参见 *Nordhaus*（1994）的第 3 章和 *Nordhaus*（2008）的第 53-54 页。

（一）初始的行业增加值

从中国统计年鉴表 2 – 11 "分行业增加值"可直接找出 2010 年农业、建筑业、3 个服务行业的行业增加值，工业的 3 个子类采矿业、制造业、电力及水的供应业也有，但工业之下细分的 39 个行业则需要进行推算。从表 14 – 2 "按行业分规模以上工业企业主要指标"的"主营业务收入"中减去"主营业务成本"，计算某行业的这个差值占所属工业三大子类的此差值之和的比例，再用该比例乘以所属工业三大子类的行业增加值，作为该行业的增加值 $Y_{j,0}$。

（二）初始的行业劳动力

这里基于"经济活动人口"来计算各行业的劳动力数量。从中国统计年鉴表 4 – 1 "就业基本情况"获得 2010 年的几个大口径指标的数值，按就业人员比例推算农业、工业、建筑业、服务业的经济活动人口。农业、建筑业即可直接采用表中数值。对于工业，从年鉴表 4 – 2 计算各细分的 39 个行业在规模以上就业人数中的比例，将其乘以工业的经济活动人口。对于服务业，由 2007 年投入产出表的中间投入表，以服务业细分的 3 个行业的劳动者报酬占服务业总劳动报酬的比例，乘以服务业的经济活动人口。估计结果见 $L_{j,0}$ 列。

（三）劳动产出弹性

根据年鉴表 2 – 26 "2007 年投入产出基本流量表（中间使用部分）"，用行业劳动报酬除以总的劳动报酬，可估算出一些口径较宽的行业的劳动产出弹性。比如，采矿业下面有多个子行业，但只能得到采矿业的劳动产出弹性，却无法得到子行业的劳动产出弹性，那么就把采矿业的劳动产出弹性当成所有子行业的共同参数。

（四）初始资本存量

资本存量的计算是一件棘手的事情，如果用永续盘存法分行业去计算，不仅本身对数据要求很高，而且容易出现行业间因资本流动而使得某行业储蓄率超过 1 或低于 0 的异常现象，所以这里按照 RICE 中的做法，直接根据总量生产函数进行推算。在规模报酬不变的假设下，可有 $(r + \delta) K = (1 - \alpha) Y$。行业增加值 Y 和产出弹性 α 已知，为了推知资本存量 K，还需设定资本回报率 r。RICE 设的净投资回报率是 6.3%，但这是西方发达国家的情况，这些国家的劳动力比资本更稀缺；在我国，劳动力比资本相对丰裕，所以 r 应较高。我们设 r 为 10%，折旧率取为 7.5%（李宾，2011），即可推出各行业的 K_0。

（五）初始碳排放强度

计算各行业在 2010 年碳排放强度 $\sigma_{j,0}$ 的思路是，推算出各行业的化石能源消耗量 $N_{j,0}$，再乘以一个系数 0.894（参见第五章），得出碳排放量，再用碳排放量除以行业增加值。其中的关键环节是 $N_{j,0}$ 的推算。具体做法是：从中国统计年鉴表 7 – 9 获得按行业分能源消费总量（2010 年）和电力消费量；按每千瓦小时折 0.1229 千克标准煤，计算出电力消费量所对应的能源消耗量；把它从能源消费总量中扣除，所得即是以标准煤为量纲的化石能源消耗量；再按照 1 吨标准煤相当于 0.6975 吨原油当量进行换算，将所得结果列于表 13 的 $N_{j,0}$ 列。

（六）其他

对于"国外"，劳动的产出弹性直接设为 0.4；Y、L、气候变量（比如，气温偏高幅度、大气碳浓度），以 RICE – 2010 的 2005 年初值和 2015 年的预测值做算术平均，作为 2010 年的初值；K 的初值则可按照上述方法计算出来。对于气候损害系数，我国各行业的全部取 RICE – 2010 对"中国"的设定，$\theta_{1,j}$ 为 0.078，$\theta_{2,j}$ 为 0.126；国外则用 RICE – 2010 对中国之外 11 个经济体的设定，按照 GDP 做加权求和，得出 θ_1 为 0.00175，θ_2 为 0.00226。TFP 变化率（TFP 的初始水平可由总量生产函数计算而出）、劳动力增长率和 $\sigma_{j,t}$ 的变化率，也是这样的设定思路。[1]"生活消费"的化石能源消耗量初值用中国的初始总消耗减去 44 个行业之和，结果为 1.943 亿

---

[1] 农业的未来 TFP 增长率和劳动力增长率调为了小负数。未充分说明的地方，可从程序代码中查询；程序代码备索。

吨原油当量；其未来增长率取 RICE – 2010 中未减排情形下中国碳排放增长率序列，碳减排幅度取同期 44 个行业碳减排幅度的平均值。

表 8 – 1　各行业主要参数和初值

编号	行业名称	α_j	$Y_{j,0}$	$L_{j,0}$	$K_{j,0}$	$N_{j,0}$
A01	农、林、牧、渔、水利业	0.948	4.053	28768.9	1.195	0.368
B02	煤炭开采和洗选业	0.352	0.972	1042.5	3.598	0.673
B03	石油和天然气开采业	0.352	0.697	211.1	2.578	0.253
B04	黑色金属矿采选业	0.352	0.201	118.5	0.745	0.079
B05	有色金属矿采选业	0.352	0.130	103.2	0.483	0.044
B06	非金属矿采选业	0.352	0.092	113.6	0.340	0.058
B07	其他采矿业	0.352	0.001	0.6	0.003	0.009
C08	农副食品加工业	0.304	0.605	696.3	2.408	0.148
C09	食品制造业	0.304	0.332	335.5	1.320	0.089
C10	饮料制造业	0.304	0.349	245.4	1.388	0.067
C11	烟草制品业	0.304	0.544	41.3	2.164	0.012
C12	纺织业	0.418	0.475	1272.5	1.580	0.323
C13	纺织服装、鞋、帽制造业	0.418	0.269	926.6	0.893	0.039
C14	皮革、毛皮、羽毛（绒）及其制品业	0.418	0.167	531.2	0.554	0.020
C15	木材加工及木竹藤棕草制品业	0.268	0.148	269.5	0.617	0.054
C16	家具制造业	0.268	0.095	203.3	0.397	0.011
C17	造纸及纸制品业	0.268	0.206	314.8	0.862	0.230
C18	印刷业和记录媒介的复制	0.268	0.089	169.4	0.370	0.019
C19	文教体育用品制造业	0.268	0.059	252.3	0.248	0.011
C20	石油加工、炼焦及核燃料加工业	0.299	0.714	175.2	2.861	1.108
C21	化学原料及化学制品制造业	0.300	1.082	908.4	4.327	1.801
C22	医药制造业	0.300	0.491	330.9	1.964	0.080
C23	化学纤维制造业	0.300	0.079	85.5	0.315	0.075
C24	橡胶制品业	0.300	0.117	202.0	0.469	0.074
C25	塑料制品业	0.300	0.268	535.8	1.072	0.101

编号	行业名称	α_j	$Y_{j,0}$	$L_{j,0}$	$K_{j,0}$	$N_{j,0}$
C26	非金属矿物制品业	0.351	0.755	1049.5	2.804	1.721
C27	黑色金属冶炼及压延加工业	0.280	0.654	666.1	2.689	3.617
C28	有色金属冶炼及压延加工业	0.280	0.426	366.3	1.754	0.627
C29	金属制品业	0.280	0.392	658.5	1.614	0.171
C30	通用设备制造业	0.357	0.793	1003.3	2.914	0.175
C31	专用设备制造业	0.357	0.536	637.7	1.971	0.102
C32	交通运输设备制造业	0.357	1.284	1027.7	4.717	0.194
C33	电气机械及器材制造业	0.357	0.931	1103.3	3.419	0.104
C34	通信设备、计算机及其他电子设备制品业	0.357	0.872	1368.6	3.205	0.119
C35	仪器仪表及文化、办公用机械制造业	0.357	0.156	232.2	0.572	0.017
C36	工艺品及其他制造业	0.268	0.111	282.2	0.463	0.073
C37	废弃资源和废旧材料回收加工业	0.268	0.035	28.1	0.146	0.004
D38	电力、热力的生产和供应业	0.250	0.790	572.5	3.386	1.088
D39	燃气生产和供应业	0.299	0.096	37.3	0.383	0.038
D40	水的生产和供应业	0.250	0.060	93.1	0.258	0.043
E41	建筑业	0.510	2.666	4285.2	7.462	0.393
F42	交通运输、仓储和邮政业	0.248	2.801	4588.3	12.046	1.755
F43	批发、零售业和住宿、餐饮业	0.250	4.381	5054.8	18.775	0.365
F44	其他行业	0.440	10.177	17478.8	32.571	0.744

说明：编号中的 A 代表第一产业，B、C、D 是工业中的采矿业、制造业、电力和水供应，E 是建筑业，F 是服务业。Y、K 量纲是万亿元（2010 年价）；L 量纲是万人；N 量纲是亿吨原油当量。

第三节　计算结果展示与分析

在上述工作的基础上，我们修改了 RICE – 2010 的程序，将原控制变量碳税调整为碳减排幅度（即 $\mu_{j,t}$），在进行调试和运行之后，得出数值可行解。

表 8 - 2　各行业自 2010 年至完全碳减排的累积排放（亿吨碳）

编号	累积排放	编号	累积排放	编号	累积排放	编号	累积排放	编号	累积排放	编号	累积排放
A01	2.34	C09	1.01	C17	11.28	C25	2.22	C33	1.31	E41	5.95
B02	5.43	C10	0.82	C18	0.53	C26	14.55	C34	5.32	F42	64.44
B03	1.87	C11	0.14	C19	0.21	C27	40.39	C35	0.74	F43	5.98
B04	0.58	C12	2.64	C20	34.89	C28	4.82	C36	1.19	F44	10.13
B05	0.70	C13	0.38	C21	15.66	C29	2.13	C37	0.04	生活消费	34.21
B06	0.43	C14	0.15	C22	0.81	C30	1.66	D38	34.44		
B07	0.08	C15	0.73	C23	0.94	C31	0.96	D39	0.28	合计	318.52
C08	1.30	C16	0.87	C24	1.00	C32	2.51	D40	0.45	国外	748.80

说明：这里所计算出的碳排放是指在行业生产过程中直接发生的碳排放，不包含它们对上游行业的需求而发生的引致的或间接的碳排放。

一、碳减排压力

各行业碳减排压力的大小，可直接从它们碳减排幅度的递进过程中得以体现。由于碳减排是有成本的，而不减排又会遭受气候变化带来的损害，所以在多大程度上进行碳减排是一个需要权衡取舍的问题。如何判断碳减排压力大小呢？模型中计算出来的结果是兼顾上述两难选择的最优碳减排幅度。越早达到完全碳减排的，意味着它产生的碳排放越多，从而只有先于别的行业达到 100% 减排，对整个经济才是有利的。所以，在未来需要越快到达完全减排的，表明它当前的碳减排压力越大。

图 8 - 1 展示了最需要减排的 4 个行业，另外加上作为参照系的"国外"。国外要在 22 世纪初实现零碳排放；而在本章所划分的 44 个行业中，不能迟于国外 100% 减排的行业是电力、热力的生产和供应业、交通运输、仓储和邮政业、黑色金属冶炼及压延加工业、石油加工、炼焦及核燃料加工业。由于电力、交通、钢铁等行业是能源消耗大户，所以这几个行业位列碳减排压力前茅，与直觉是一致的。不过，这几个行业减排幅度的递进过程有些差异。黑色金属冶炼及加工业在前期就需强力减排，从 2010 年起步，第一个十年就需把 25% 的原本由化石燃料提供的能源替换为其他能源。交通运输、仓储邮政业虽然属于服务业，但因行业特性和划分的口径

较大，也列入最需要重视碳减排的行业名单中。其他 40 个行业（包括生活消费）实现完全减排的时间都比基准的国外晚了十年。

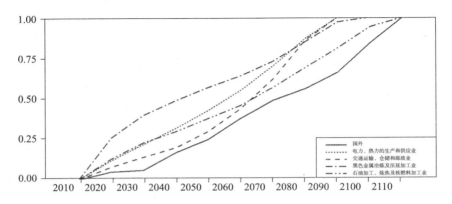

图 8-1　几个高碳排放行业的最优减排幅度轨迹

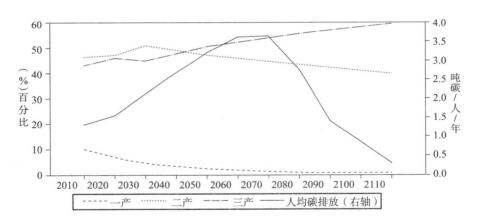

图 8-2　三次产业结构与人均碳排放

二、各行业的累积碳排放量

计算各行业到完全减排之前的累积排放量，是判断行业碳减排需要的另一个角度。表 8-2 列出了 44 个行业的结果。排名前几位的仍然是前文提到的四个行业，只不过排序有所变化：交通运输、仓储邮政业以 64.4 亿吨碳排首位，黑色金属冶炼及压延加工业 40.4 亿吨、石油加工、炼焦及核燃料加工业34.9亿吨、电力、热力的生产和供应业34.4亿吨分列其后；生活消费34.2亿吨，亦为一大排放源。所有部门合计起来为318.5亿吨，其中第一产业所占比例不到1%；采矿业9.1亿吨，占2.9%；制造业151.2亿吨，占47.5%，接近一半；电力和水供应业主要是电力生产发生碳排放，燃气和水的生产是非常低碳的；工业合计195.5亿吨，占61.4%；服务业80.6亿吨，占25.3%；生活消费占余下的10.8%。未来中国累积的碳排放占全球累积量的29.8%。

这里的计算结果与日常直觉是一致的，不同的是，本章给出了具体的比例估计。制造业乃至工业确实是碳排放的主体，累积"贡献"占50%—60%。服务业虽然相对低碳，不过也将贡献大约四分之一的碳排放；生活消费与大农业合起来还不到八分之一。这些数字有助于让以往相对模糊的概念变得更为清晰、直观。

三、碳排放拐点与产业结构

在碳减排议题上，一个让人关注的问题是，人均碳排放由升转降的拐点发生在什么时候？常见的观察角度是将人均碳排放与人均GDP相联系。在这里，图8-2把三次产业结构与人均碳排放的轨迹同时展示了出来。可以看到，拐点将出现在2060年前后。[①] 届时每人每年排放约3.6吨碳。从成熟市场经济体的发展历程来看，这个拐点水平虽然略高，但仍然在正常范围内。从近年人均1.7—1.9吨碳来看，我国要越过CKC拐点，还需经过比较长的时间。另外，随着时间的推移，三次产业结构表现出与发达国家相近的特征：农业在整个经济中的比重持续下降，第二产业的在达到约50%的峰值后转而逐步下降，服务业的比重呈现总体上升趋势。在人均碳排放的拐点处，服务业比重已高出第二产业的一定幅度。不过，拐点发生

---

① 这里2060年的拐点相较于文献中2035—2050年的判断，稍微远了点。由于细化出44个行业后，数值计算的复杂性大大提高，拐点较晚的原因难以甄别。不过，可以给出解释的一个地方是，折旧率从10%调整为7.5%。折旧率的变低，意味着在储蓄下来的资源中，只需花费更少的部分去弥补原有的设备损失，从而有更多的资源可形成新的设备；进而，经济的增速会比原来的（高折旧率下的）变高，社会对化石能源的需求加大，碳排放更高，碳减排的表现就变缓。

时第二产业的比重仍然高达40%，比西方诸国拐点发生时仅25%左右的比重高出了甚多。这表明，我们的数值计算固然已能成功模拟出产业结构和碳排放的主要特征，但也存在着改进的空间。比如，是否可考虑气候变化对各行业的影响是不同的？显然，对这个问题的准确回答需要以后进一步加以论证。

第四节　本章小结

借助 RICE-2010 这一气候变化综合评估模型，本章在考虑碳排放的全球外部性的情况下，观察了产业结构变迁与碳排放。数值计算表明，无论是从最优碳减排幅度来看，还是基于未来的累积碳排放量，电力供应、交通运输仓储、黑色金属冶炼、石油加工与炼焦这四个行业最需要优先关注。其中的三个（电力、交通、石油加工）与能源结构的调整相关，只有黑色金属冶炼是产业政策可以介入的领域。此外，加总计算显示，我国人均碳排放由升转降的拐点距今大约还有50年。届时，产业结构也呈现出农业比重很低、服务业比重高出工业的一定幅度的特征。总的来看，由于细分了多达44个行业，并给出了定量估算结果（比如未来累积排放估计值），从而可为产业结构的调整和政策介入提供更多的线索和角度。

说明：本章内容由李宾、周俊、田银华（2014）整理而来，即发表在2014年12月份《资源科学》上的《全球外部性视角下的碳排放与产业结构变迁》一文。

第九章

>>> 碳减排历史责任原则的再思索

　　虽然国际社会在二十多年前就达成了采取必要行动以抑制全球变暖的共识，但是在如何开展碳减排行动上，却出现了深刻的分歧。1988年，政府间气候变化专门委员会（IPCC）成立，标志着学术界达成了某种共识。1992年，在巴西里约形成的《联合国气候变化框架公约》（UNFCCC），意味着国际社会在实践碳减排意愿上达成共识。公约明确地把共同但有区别责任原则作为发达国家与发展中国家承担温室气体减排义务及开展国际合作的基本原则之一。1997年，公约各缔约国通过了具有法律约束力的《京都议定书》，这是开展碳减排的实际行动。在第一个执行期中（1997—2012），发达国家承诺较大的减排目标，并对发展中国家提供资金和技术援助；各缔约国以1990年的碳排放量作为基准，分配减排幅度，不过不包含中国、印度这样的发展中碳排放大国；它还制定了排放交易和清洁发展机制，促使发达国家和发展中国家共同减排温室气体。但随着《京都议定书》第一期减排承诺于2012年到期，加拿大、日本、新西兰、俄罗斯退出，美国则从未加入。《京都议定书》第二阶段只涉及全球温室气体排放的15%。作为国际社会在碳减排议题上首推的行动计划，《京都议定书》第二期的式微反映出各国在如何衡量发达国家与发展中国家的相对义务、如何量化各缔约方限排或减排的具体目标上存在着严重的分歧。

　　这一分歧归根于背后两种减排思路的矛盾和冲突。一种思路是以避免触发不可逆的气候灾难为着眼点，认为应限定排放空间的容量，进而对各国的排放空间做出分配。另一种思路是从欠发达国家的角度强调减排不应剥夺一国的发展权，认为发达国家应先承担碳排放的历史责任，提供减排资金和技术的支持（陈迎等，1999），甚至提出人均碳排放量相等的公平原则（何建坤等，2004）。《京都议定书》代表了第一种思路，中国则坚持第二种思路。2015 年底的巴黎气候峰会与 6 年前哥本哈根气候峰会相比，最大的不同在于气候谈判模式发生了根本性的转变：自上而下的"摊牌式"强制减排已被自下而上的"国家自主贡献"式减排所取代。这一新方案有助于弥合两种减排思路之间的分歧。

本章在分析上述碳减排分歧原因的基础上，对历史责任原则所基于的各国累积排放进行了全方位的计算。我们不仅沿袭朱江铃等（2010）的做法，计算了从工业革命伊始到近年的历史累积排放，还计算了延伸到未来的累积排放。这样的观察有助于对我国的既有立场做出更全面的评估。之所以如此，是因为我国自 2006 年开始成为全球第一大碳排放经济体。目前，我国的年碳排放量占全球总量的 30% 左右，而且，这一比例还在不断提高之中。这不仅使得中国成为众多国家在气候谈判中竞相施压的对象和拒绝做出减排承诺的"挡箭牌"（查建平，2013），也意味着我国所具有的累积排放优势在不断地消退。我国能始终具有累积排放和人均排放的优势吗？如果不能，具体在什么时候丧失这一优势？优势的丧失是否意味着我国的碳减排战略有调整的必要？本章尝试探讨这一系列问题。

第一节　京都议定书与历史责任原则

《京都议定书》的核心在于碳排放空间的分配。空间分配的着眼点在于，通过限制全球碳排放量总量，防范潜在的不可逆的气候变化风险。如果全球变暖的幅度超过某个水平，气候变化的演化方向就有可能在以地质年代计量的一段时期内不可逆转：持续升温。一旦发生这种情况，人类生活的宜居性将持续恶化，进而容易引发大范围的社会灾难。其中困难的是，学术界尚不确定是否存在这个阀值水平以及可能的阀值数。认知上的不确定性迫使人的行为变得谨慎。这是《京都议定书》采用设定排放空间总量的原因。其目的是赶在全球变暖幅度达到未知的阀值水平之前，气候变化可以往降温的方向发展。

《京都议定书》的理论基础是科斯定理：只要产权归属是明晰的，那么自由的市场交易机制将自动导致资源配置达到帕累托最优状态。《京都议定书》的设计思路就是为原本没有产权的碳排放空间分配产权归属，再由各方根据实际需求量与使用量去自愿交易。这种碳交易市场的出现，可为二氧化碳赋予经济价值，有助于提高微观主体对碳减排的认知。欧盟气候交易所基于差异化排放配额建立的排放贸易体系，是这个思路下比较成功的实践。

然而，碳排放空间分配的思路存在一些严重的问题。

首先，碳排放空间分配标准，其实质是祖父法则的滥用。祖父法则是指旧的法律适用于既成事实。这本是一种减少法律制定和执行过程中政治阻碍的折中手段。但是，在未来与历史相比会发生较大变化的情况下，仍然使用祖父法则就会如同刻舟求剑一样，在看起来合理的表象下造成某些偏倚。一国的人均碳排放往往经历一个先上升后下降的过程，此即碳排放库兹涅兹曲线（CKC）。西方发达国家的人均碳排放峰值多发生在 1980 年前后（参见本书第六章）。虽然在 1990 年，它们的人均碳排放并没有明显下降，至少也可以认为是正处于峰值阶段或接近其 CKC 的峰值；而发展中国家则处于上升过程的早期阶段，排放水平普遍偏低。以 1990 年的排放水平来确定碳排放空间的大小，相当于根据发达国家的峰值水平为它们分配较大的配额，而对经济起步阶段的发展中国家分配较少的配额。这种静态视角的产权分配方式从碳减排行动伊始就形成了发达国家与发展中国家的不公平，在一定程度上也是对发达国家业已存在的历史高碳排放的纵容。

其次，忽略了 CKC 潜藏着长期动态财富分配效应的情况。落后国家的经济追赶往往伴随着工业化进程的加深，这意味着碳排放的快速增加（王少鹏等，2010），但因历史排放较低而形成的较少配额，势必使得落后国家不得不从有着富余配额的发达国家那里购买碳排放权。这无形中造成穷国的劳动果实贡献给了富国的局面。而且，这一局面将长期存在，并形成发达国家与发展中国家的动态不公平。

再次，污染天堂效应加剧了不公平的严重程度。新兴经济体在减排意识、技术、资金等方面，跟发达国家相比都有较大差距。在发展中国家环境管制标准相对较低的情况下，发达国家的企业向发展中国家转移高污染、高能耗产业。而发展中国家出于经济增长的迫切需求，在承接这些"双高"产业时，很有可能并未优先考虑环境与气候问题，或者没意识到这个方面的长远负面性，从而成为发达国家为实现碳减排目标而寻求的海外廉价减排途径。随着高污染、高能耗产业从发达国家转移到发展中国家，碳排放空间的两极分化将越来越大。陈迎等（2008）、张友国（2010）等文献研究分析了我国的贸易碳含量，发现我国从2005年起已成为碳净输出国，即：综合而言，我国通过耗费能源、发生碳排放所生产的商品，有一部分提供给了别国消费。而且，我国的贸易含碳量在迅速增加。这相当于我国既背负了碳排放的责任，还为别人做了嫁衣裳。这是明显的污染天堂效应的体现。

最后，空间分配思路潜藏着巨大的寻租机会。由于一国拥有的碳排放配额是稀缺的，而政府又掌握着对配额的再分配权利，容易吸引企业为获得排放权或增加排放量而发生寻租行为。虽然采用市场化竞争或拍卖的方式可在一定程度上遏制寻租活动，但制度设计的不完善仍然可能导致腐败的产生。只要制度运行是需要成本的，就不可能系统性地消除寻租。在非完全市场竞争下，碳排放空间的分配可能使得某些被保护的高碳排放行业缺乏改进生产技术的激励，而是逐渐路径依赖于特殊优惠的排放政策来维护自身的经营利润，间接造成了碳排放资源配置的扭曲。

由上可见，以1990年的碳排放量作为碳空间分配的标准，造成了多方面的严重不公平，妨碍了落后国家的经济发展权利，是对欠发达国家经济发展空间的侵害。许多研究者认为，鉴于目前大气中的二氧化碳主要是由西方国家的工业化进程带来的，而不是由发展中国家带来的问题，因此，发展中国家不应该为发达国家过去的排放所造成的今日气候问题"埋单"。

对于我国这样一个大国，走工业化道路和推进城市化进程是必然的，而这两者又伴生有大量的碳排放。如果按照《京都议定书》的方案推动碳减排，那么我国的社会经济发展必然受到掣肘（陈迎等，1999）。为了应对《京都议定书》中所隐含的种种不合理，我国借用巴西的提案，强调历史责任原则，即以历史累积排放作为碳排放空间的分配基准，以凸显责任与义务的对等性和公平性。作为对这一思路的延伸，何建坤等（2004）提出以人均排放量或人均累积排放量作为分配标准；樊纲等（2010）提出"共同但有区别的碳消费权"原则，以消费碳含量作为分配标准。不同版本的历史责任原则都更强调碳减排的公平性。在这一思路下，落后国家将获得较大的碳排放空间以及与之相应的发展空间。

第二节　历史碳排放与历史责任

历史责任原则从公平出发，期望厘清历史责任，以维护国家的发展权。和《京都议定书》相同的是，它也是以科斯定理作为理论基础；所不同的是，它提出了另一种碳排放空间分配标准。其立场和逻辑的合理性对于国际碳减排实践是有价值的。疑问在于，在一个动态变化的环境中，一国在累积历史排放、人均排放上的优势不可能是一成不变的，这一点在中国仍处于 CKC 上升阶段而许多发达国家在近年已进入 CKC 下降阶段的背景下，尤为突出。目前，我国的累积排放将越来越高，发达国家的累积排放越来越低，那么，我国的优势是否能一直保持下去？或者说，这一优势将持续到什么时候？为了回答这个问题，先基于历史数据观察各国目前的历史责任现状。

自工业革命以来，发达国家和地区一直都是全球的主要碳排放源。近二十年来，西方发达国家随着技术水平的提高和产业、能源结构的变化，碳排放量转入下降阶段（参见本书第六章）；而许多发展中国家的经济崛起，使得当期能源消耗和碳排放量迅速增加。中国更是在 2006 年已成为第一大碳排放经济体。图 9−1 展示了 1950—2012 年世界主要国家和地区的碳排放占当年全球总排放的比例；图 9 - 2 展示了 1950—2010 年的人均年碳排放，基础数据均来源于美国二氧化碳信息分析中心（CDIAC）。

从图 9 - 1 可见，2000 年以前，欧美日等发达经济体的碳排放占比虽然呈现下降趋势，但一直遥遥领先，占绝对比重。2000 年以后，我国碳排放出现急速攀升，分别在 2003 年和 2006 年先后超越欧盟与美国。2012 年，全球当年排放共 96.66 亿吨碳，其中我国排放量约占 28%，美国为 16%，欧盟为 11%，其次是俄罗斯独联体 9%，印度 6.7%，日本不到 3.8%。在我国碳排放来源中，燃煤占比 72%，水泥占比 11%。这说明我国以燃煤为主的能源结构，是碳排放的首要原因；其次，我国经济增长依托能源消费的同时，工业化和城镇化进程也带来基础设施建设的十年井喷，使得我国的水泥碳排放一直处于较高的水平。因此，我国的高碳排放根源在于经济发展初期的能源结构和产业结构变化。

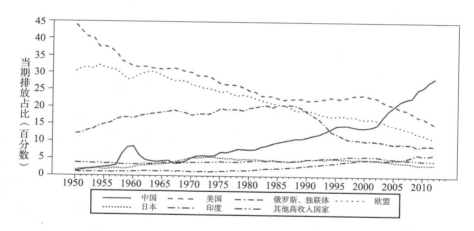

图 9 - 1　主要经济体的碳排放量占当年全球总量的比例

基础数据来源：CDIAC。

另一方面，我国是人口大国；人口基数巨大是我国碳排放增长的一个重要因素。根据第六次全国人口普查，我国在 2010 年 11 月 1 日的总人口为 13.397 亿。图 9 - 2 显示，我国人均碳排放远远低于欧美和日本等发达国家，但明显高于印度，并且近十年来有明显上升。美国人均碳排放在 1973、1978 年达到峰值，接近 6 吨碳/人，之后趋于平缓。欧盟的人均碳排放分别在 1973 年和 1979 年经历双峰 2.52 吨碳/人和 2.62 吨碳/人，之后呈降低趋势。俄罗斯和东欧的人均碳排放在 1985—1990 年越过峰值，之后逐步趋于稳定。日本经济在战后迅速复苏，人均碳排放从 1950 年的 0.34 吨碳/人猛增到 1973 年的 2.31 吨碳/人，之后交替出现降低与上升，整体没有呈现出明确的拐点。到 2010 年，全球人均碳排放为 1.38 吨碳/人，我国为 1.68；对比美国的 4.71、日本的 2.52、俄罗斯和独联体的 2.74、欧盟的 1.94、其他发达国家的 3.41、印度的 0.45，我国人均碳排放仍处于较低水平。

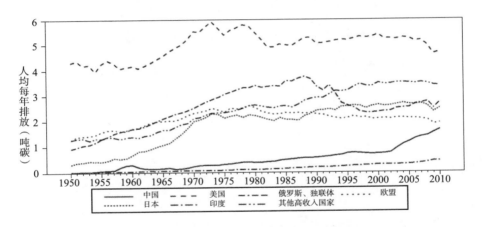

图 9-2 主要经济体 1950—2010 年人均每年碳排放

基础数据来源：CDIAC。

在了解了主要经济体的碳排放近况后，再转而观察我们所关心的累积排放情况。根据 CDIAC 的数据，从工业革命到 2012 年，全球碳排放累计已达 3838.51 亿吨碳。其中，发达国家和地区占了 70% 以上。

图 9-3、图 9-4、图 9-5 分三个阶段展示了 1750—2011 年的主要工业国的累积碳排放占比；即，一国从 1750 年至某个年份的累积排放除以全球从 1750 年至相同年份的累积排放。从中可看到，在 1900 年之前，英国的累积碳排放占比高居第一，这与其 19 世纪"日不落帝国"的称谓是一致的。在其他几个国家中，美国的追赶速度最快，德国次之，法国先快后慢，日本则看起来正在起步阶段。

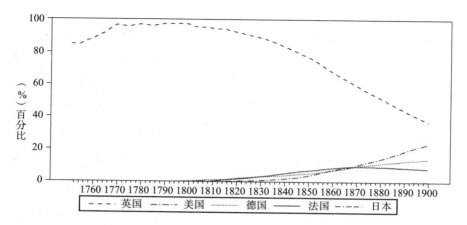

图9-3 1750—1900年主要经济体的累积碳排放占全球累积的比例

基础数据来源：CDIAC。

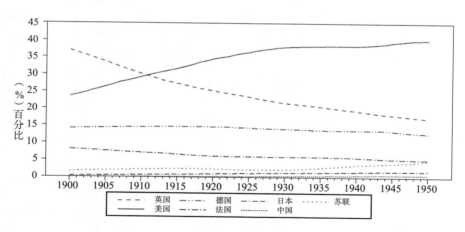

图9-4 1900—1950年主要经济体的累积碳排放占全球累积的比例

基础数据来源：CDIAC。

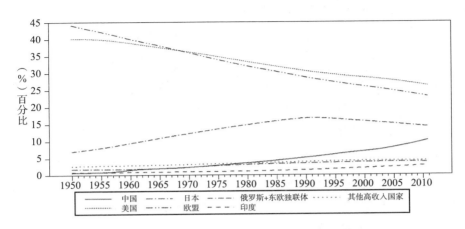

图 9 – 5　1950—2011 年主要经济体的累积碳排放占全球累积的比例

基础数据来源：CDIAC。

1900 年之后，美国很快就超过了英国，成为累积碳排放占比最高的经济体；时间大约是在 1911 年。一直到 1950 年，美国都一枝独秀，遥遥领先。其他几个主要工业国的累积占比，或者保持平稳，或者呈逐渐下降之势，只有苏联的累积占比呈现出微弱的上升态势，从 2% 上升到了 5% 左右。中国的累积占比一直接近于 0，至 1950 年才达到 1% 左右。

二战之后，美国继续扮演领导者角色。即便把西欧各国的累积排放加起来，也被美国于 1970 年左右超越。俄罗斯与东欧、独联体的累积占比在经历了约 30 年的上升期后，在 1990 年左右发生拐点，转为缓慢下降。中国的累积排放占比逐步上升，到 2011 年，占到了全球累积排放量 10% 左右。日本则基本维持在 5% 左右。

第三节　预测未来碳排放的 RICE – 2010 模型

接下来，为了观察各个主要经济体在未来的累积排放和人均排放，需要获得未来的当期排放序列。在这个方面，常用的方法是场景模拟法，比如李惠民和齐晔（2011）、朱永彬等（2009）。本章所用的方法有所不同，是借助 RICE 模型的 RICE - 2010 版本来估算各国的未来当期碳排放。

RICE - 2010 是由 Nordhaus & Yang（1996）基于 DICE 模型改造而来并在 Nordhaus & Boyer（2000）、Nordhaus（2010）中得以发展的一个气候变化综合评估模型（IAM）。IAM 是一类特殊的动态可计算一般（CGE）模型。它们往往基于新古典经济增长模型，用于分析长期碳排放变化。其突出特征是把经济系统、碳循环与气候变化系统结合在一起，用数值计算的方法捕捉它们之间的相互影响。与场景模拟法外生设定 GDP、人口、碳排放强度等变量的未来路径所不同的是，在 IAM 中，一国的 GDP、储蓄率以及最优碳减排幅度都是内生的，能随着气候与经济形势的变化而做出最优的反应。因此，在捕捉复杂系统的长期演变方面，IAM 模型优于场景模拟法，但代价是难以计算的。RICE - 2010 是 IAM 中比较突出的一个模型，具有较高的学术声望。

RICE - 2010 将全球划分为 12 个经济体，分别为美国、欧盟（26 国，含英国）、日本、俄罗斯、东欧和独联体（23 国）、中国、印度、中东国家（15 国）、非洲（53 国）、拉丁美洲（39 国）、其他发达国家（7 国）、其他亚洲国家（28 国或地区）共 12 个区域。每个区域均被假设为一个独立的经济系统，其社会福利函数定义在一段时期内人均消费所带来的效用贴现和之上：

$$\max_{C_t} \sum_t \frac{L_{i,t}}{(1+\rho)^t} \frac{(C_{i,t}/L_t)^{1-\sigma}}{1-\sigma} \qquad (9-1)$$

其中，参数 ρ（取值为 1.5）是社会时间偏好率；σ（取值 1.5）为消费的边际效用弹性；$C_{i,t}$ 是第 i 个区域在第 t 期的总消费；$L_{i,t}$ 为区域人口数，它被设为外生变量。

各区域拥有资本和劳动两类要素，$K_{i,t}$ 是资本存量，给定资本品的租金率 $r_{i,t}$ 和劳动工资 $\omega_{i,t}$，各区域选择 $C_{i,t}$，在满足（9 - 2）式的约束下最大化（9 - 1）式：

$$K_{i,t+1} = r_{i,t}K_{i,t} + \omega_{i,t}L_{i,t} - C_{i,t} + (1-\delta)K_{i,t} \qquad (9-2)$$

参数 δ 为资本品的折旧率。

假设所有产品市场和要素市场均为竞争性市场，每区域的净产出 $Y_{i,t}$

由资本、劳动形成，并且需扣除减排成本的部分 $\Lambda_{i,t}$ 和气候损害的部分：

$$Y_{i,t} = (1 - \Lambda_{i,t})A_{i,t}(L_{i,t})^{\alpha_i}(K_{i,t})^{1-\alpha_i}\frac{1}{1 + \theta_{1,i} \times T_{AT}(t) + \theta_{2,i} \times T_{AT}^2(t)}$$

$$(9-3)$$

$A_{i,t}$ 是区域 i 的全要素生产率；参数 α_i 是劳动的产出弹性。等号右边的分式代表气温升高所引起的负面影响。$\theta_{1,i}$、$\theta_{2,i}$ 是气候损害系数，$T_{AT}(t)$ 为全球平均气温高于 1961—1990 平均值的幅度。$\Lambda_{i,t}$ 是减排投入占产出的比例，它与减排幅度 $\mu_{i,t} \in [0,1]$ 相关：

$$\Lambda_{i,t} = \mathrm{cost}_{i,t} \times \mu_{i,t}^{2.8} \qquad (9-4)$$

$\mathrm{cost}_{i,t}$ 是外生变动的碳减排成本系数；$\mu_{i,t}$ 是由代表性微观主体进行选择的控制变量。

碳排放 $E_{i,t}$ 与经济活动的关系表现为：

$$E_{i,t} = Eland_i \times 0.8^t + \sigma_{i,t} \times Y_{i,t} \times (1 - \mu_{i,t}) \qquad (9-5)$$

第一项代表由土地利用变化所产生的二氧化碳净排放。它被设为外生变化：期初每年排放 $Eland_i$ 亿吨碳，然后下一期的是上一期的 80%。$\sigma_{i,t}$ 是外生变化的碳排放强度。

Nordhaus 根据 AOGCM 的预测，通过用计量方法拟合出碳循环与气候变化模块具体形式，全球的总碳排放 $E_t = \sum_j E_{j,t}$。它进入全球碳循环过程，对气候发生影响。以 $M_{AT}(t)$、$M_{UP}(t)$、$M_{LOW}(t)$ 分别表示大气层、地表层和深海层的 CO_2 储量。碳循环过程可由下面的简化式矩阵方程来描述：

$$\begin{pmatrix} M_{AT}(t) \\ M_{UP}(t) \\ M_{LOW}(t) \end{pmatrix} = \begin{pmatrix} E_t \\ 0 \\ 0 \end{pmatrix} + \begin{pmatrix} 0.88 & 0.047 & 0 \\ 0.12 & 0.948 & 0.0008 \\ 0 & 0.005 & 0.9993 \end{pmatrix} \begin{pmatrix} M_{AT}(t-1) \\ M_{UP}(t-1) \\ M_{LOW}(t-1) \end{pmatrix} \quad (9-6)$$

大气二氧化碳浓度的变化带来温室效应的变动，后者由辐射强迫 F_t 来表示：

$$F_t = \frac{3.8}{\ln 2}\ln(M_{AT}(t) \div M_{AT}(1750)) \qquad (9-7)$$

其含义是，大气碳浓度相对于 1750 年的每翻一倍，辐射强迫水平将提高 3.8 倍。辐射强迫的变化将带来地表气温 $T_{AT}(t)$ 和深海温度 $T_{LOW}(t)$ 的变动。其简化式 *VAR* 动态演变方程是：

$$T_{AT}(t) = T_{AT}(t-1) + 0.208 \times [F_t - 3.8 \times T_{AT}(t-1) \div 3.2 - 0.31 \times$$
$$(T_{AT}(t-1) - T_{LOW}(t-1))] \qquad (9-8)$$

$$T_{LOW}(t) = T_{LOW}(t-1) + 0.05 \times (T_{AT}(t-1) - T_{LOW}(t-1)) \qquad (9-9)$$

在此模型中，每个经济体的代表性微观行为主体存在两个权衡选择。一个是传统的跨时消费选择。今天多消费，意味着今天的效用高，但积累偏少，未来的潜在消费将降低。另一个是碳减排幅度。要么减少能源消耗，以降低全球变暖带来的风险；要么保持能源消费的使用习惯，获得一个较高的当前收益。两个方面都是在当期与未来之间做出权衡取舍。

因模型内生变量较多，定性求解是不现实的；通常的做法是数值求解。为此，需对模型中的参数进行赋值，并确定内生变量的初始值。气候模块的全部参数和经济模块的部分参数的取值已经在前文做了标示或说明。经济模块中的要素产出弹性沿袭了 RICE – 2010 中的做法，全部取资本产出弹性为 0.3。折旧率从 5% 改为 10%，因为 5% 对中国而言有些偏低（李宾，2011）。变量的初始值从 RICE – 2010 的以 2005 年为初始年份更改为以 2010 年为初始年份。据此，各经济体的人口、GDP 初始值基于世界银行 WDI 数据库进行了更新。初始资本存量和资本报酬率的估算，沿袭了本书第五章的做法。另外，初始储蓄率对模型计算影响很小，所以本书沿用了原 RICE – 2010 初始储蓄率。主要变量的初始值具体数值见表 9 – 1。

在对模型参数进行赋值并给出了各变量的 2010 年初始值后，即可展开对此复杂模型的数值求解。我们借助软件 *Premium Solver Platform v*11.5 来完成这一工作，获得了数值可行解。图 9 – 6 展示了世界各主要国家或地区的未来碳排放预测值。从图 9 – 6 中的实线走势可以看到，我国的碳排放将在 2020—2030 年之间达到峰值，然后逐步下降，至 2140 年实现零碳排放。在整个 21 世纪，我国的当期碳排放在所有经济体中都是最高的。而在 2050 年之前，我国的碳排放量甚至是排名第二的美国的大约两倍。在其他主要经济体中，西方发达国家的基本都处于 CKC 的下行阶段，当期碳排放持续下降。印度则表现特殊，有较长时段处于碳排放上升的阶段，然后才转为下降。这使得印度大约在 21 世纪末取代中国成为全球最大碳排放经济体。

　　需要说明的是，图9-6所展示的各经济体碳排放，是在一定碳减排幅度下取得的。如果某国不投入资源用于碳减排，则碳排放量将更高。鉴于预测工作很难做到准确，更何况是对长达百年时段上的预测，所以图9-6的结果更适合作为了解未来碳排放趋势变化的参考图。最重要的是，有了这些预测序列，方才可以着手对比分析各国在未来的累积排放。

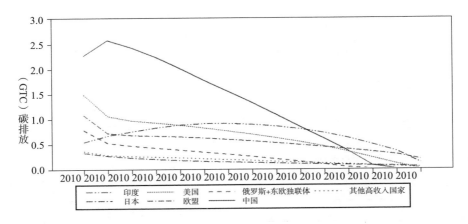

图9-6　对未来碳排放的预测

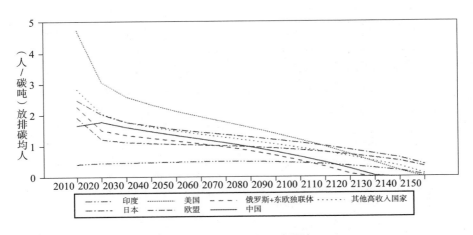

图9-7　预测的人均碳排放

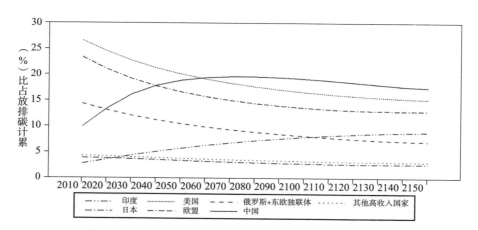

图 9-8 未来的累积碳排放占比

表 9-1 12 个经济体的变量初始值

初始年份：2010 年	GDP	$K_{j,0}$	$P_{j,0}$	$r_{j,0}$
国家	总产出	资本存量	人口	资本报酬率
美国	13.09	24.12	3.10	0.163
欧盟	14.79	26.45	5.49	0.168
日本	3.90	7.18	1.27	0.163
俄罗斯	2.01	3.30	1.42	0.183
东欧、独联体	1.53	2.59	1.97	0.178
中国	9.12	15.84	13.38	0.173
印度	3.76	6.35	12.25	0.178
中东	2.59	4.02	2.17	0.193
非洲	2.75	4.51	10.20	0.183
拉丁美洲	5.77	9.73	5.89	0.178
其他发达国家	3.98	7.11	1.22	0.168
其他亚洲国家	3.39	5.72	10.32	0.178

说明：GDP 和资本存量的量纲是万亿美元（2005 年购买力平价）；人口的量纲是亿人。

第四节 对历史责任的观察与分析

结合对未来人口数的设定，图9-7展示了一些主要经济体在未来的人均碳排放。其中，我国人均年碳排放在2010年处于较低位，但很快就超过了欧盟，并于2030—2040年之间超越俄罗斯和独联体。在此后的半个世纪中，我国的人均碳排放一直居于第四位，远低于美国，略低于日本等高收入国家。从估算结果看，虽然我国的人均碳排放已经高于欧盟这样的发达经济体，不过仍然具有一定的优势，至少不像当期碳排放那样惹人注目。不过，鉴于欧美国家的CKC拐点多发生在3吨碳/人的水平（参见第六章），而这里显示的我国拐点在2吨碳/人，所以本章的估算结果应视为一种相对乐观的情形。如果我国的实际CKC拐点水平更高，那意味着图9-6中的当期碳排放将更高，发生CKC拐点的时间将更晚，进而未来的历史责任计算将对我国更不利。

我们最关心的问题是，我国的历史累积排放优势将保持到什么时候？在图9-3至图9-5背后数据的基础上，结合第三部分所估算的未来碳排放，可推算出各经济体在未来的累积碳排放；将之除以全球在相同时间点的累积总排放，即获得各自的累积碳排放占比。图9-8展示了主要经济体的累积碳排放占比。

从图9-8可看到，在2010年，我国的累积碳排放占比在主要经济体中排第四位，低于美国、欧盟、俄罗斯和独联体，但高于印度、日本等其他高收入国家。然而，与我国超高的未来碳排放相对应，我国的累积碳排放占比也处于不断上升进程中。大约在2020年，我国将超过俄罗斯和独联体；2040年，超过欧盟；2060年，超过美国；此后，将持续保持为全球第一的位置。计算结果直接体现出的信息是，我国在历史责任上的优势的确不是一成不变的；到21世纪中叶，我国将取代美国，成为累积碳排放占比最高的国家。届时，碳排放历史责任最大的经济体将是中国。

考虑到历史责任的上述未来变化，有必要对历史责任原则进行更多的

思索。

首先，过分强调历史责任对我国来说是一把双刃剑。它忽视了未来潜在责任的变化。目前，我国在累积排放上的确有优势；然而，当我国的累积排放占比在将来成为全球最高时，难免陷入自我矛盾的窘境。从这个角度看，历史责任原则是不可持续的，它最终将会影响我国作为负责任大国的国际信誉。

其次，历史责任原则忽略了历史排放背后的技术和经济贡献。西方国家自工业革命开始，在经济和科技方面起着引领的作用。数十个新行业及不可胜数的新产品先后涌现，而这些在我国以往基于农业的社会运行机制下是无法想象的。正是西方国家的不断创新，使得包括中国在内的众多其他国家从中受益。虽然工业的发展带来了全球变暖的问题，但这毕竟是副作用，主流的方面是人类福利的普遍上升。如果某个海洋岛国仍处于传统生活习俗中，他们的生存又的确受到了全球变暖的持续影响，那么，他们要求西方国家承担责任是合理的。我国作为西方社会在技术和经济上引领作用的受益者，应以积极的建设性立场参与到问题的解决进程中；历史责任原则在某种程度上带有与邻为壑的色彩。

再次，过分强调发展权，可能会造成不可逆的气候灾难。虽然《京都议定书》的碳排放空间分配方案潜藏着严重的不公平，然而其出发点却是合理的，即：防止全球变暖超过某个水平。如果完全不顾及上述风险，强调发展中国家都要发生与发达国家相等的碳排放，那么，以我国以及其他落后国家的巨大人口基数，全球变暖进程的强化将会不断提高不可逆气候灾难的概率。

此外，对发达国家所提出的无偿提供碳减排资金和技术的要求（何建坤等，2006；魏一鸣等，2006），在发达国家的经济实体以私营实体为主的情况下，难以操作实现。在西方社会，即使某个私营公司可以凭借低碳技术而获益，它也有权拒绝政府提出的公开科技细节的要求。转让技术，不能由西方国家的政府说了算的。至于提供资金，我国作为第二大经济体和最大的碳排放国，以后更多的是作为碳减排资金的输出方，而不是作为接收方。

再者，历史责任原则还忽略了发达国家在碳减排议题上的有益探索。气候变化为工业发展的一个副产品，其影响的显露过程很缓慢，获得广泛的认知也需要时间。随着对气候变化的科学认识逐步增多，西方国家在碳减排议题上也确实在不断采取行动，虽然《京都议定书》引发了争议，但却为设计更合理的碳减排方案提供了经验。

最后，碳减排的国际协调机制正在发生重大变化。2015年巴黎气候峰会之后，每个国家需要自行提交具有约束力的声明，规划各自的碳减排目标和路线图。很多经济体已经给出了自己的碳减排计划。比如，欧盟承诺排放峰值不晚于2020年；美国宣称，到2025年，会在2005年的基础上减少28%的温室气体排放。我国则给出了一揽子方案：二氧化碳排放在2030年左右达到峰值并争取尽早达峰，碳排放强度比2005年下降60%—65%，非化石能源占一次能源消费比重达到20%左右，森林蓄积量比2005年增加45亿立方米左右。迄今为止，已提交自主贡献方案的国家占全球排放量的90%。可见，国际上碳减排的氛围正在发生变化。而历史责任原则是针对《京都议定书》的不合理之处提出来的；在《京都议定书》日渐式微、新的碳减排机制正在启动的形势下，历史责任原则也应该完成其纠偏《京都议定书》的"历史责任"，我国参与国际碳减排的思路也应做出相应的调整。

第五节　碳税减排建议

本章考察了我国在碳排放上的历史责任。当我国以历史责任原则来应对《京都议定书》的不合理之处时，是基于我国在历史累积排放和人均排放量上具有的相对优势。然而，随着我国每年碳排放的高启，这种相对优势能否持续保持？如果不能持续保持，我国就难以一直站在道德高地上。

我们借助Nordhaus的RICE-2010模型，数值计算了各个经济体从2010年伊始至实现零碳排放期间的碳排放轨迹。将它们结合各经济体的历史排放数据，就可获得延伸到未来的各经济体累积碳排放占比和人均碳排放量。计算结果表明，我国在人均碳排放量上仍将具有少许优势，在各经济体中排名并不很靠前；而在累积排放占比上，我国将在略晚于21世纪中叶时成为全球第一碳排放责任国，并一直保持下去。这意味着，目前针对碳排放空间思路的历史责任原则，届时将使得我国陷入自我矛盾的窘境；若采用前后不一致的做法来规避这种窘境，则将以损害负责任大国的国际信誉为代价。因此，在参与国际碳减排方面，历史责任原则是不可持续的策略。

更多的分析表明，历史责任原则还存在一些其他的缺点，包括忽略了发达国家在技术和经济上的历史贡献、过分强调发展权可能导致不可逆的气候灾难、忽略了发达国家在碳减排上的建设性探索。而且，随着巴黎气候峰会推出"国家自主贡献"式的国际碳减排协调机制，原本针对《京都议定书》碳排放空间分配的历史责任原则，将逐渐失去用武之地。因此，历史责任原则应具有历史阶段性。随着形势的变化，它应逐步淡出我国参与国际社会碳减排的话语地位，以更具建设性的策略或做法取而代之。

碳减排的推动手段，大致可分为行政管制、碳交易和碳税三种方式。行政管制因微观主体存在隐藏信息的可能性，往往效果较差。《京都议定书》进行碳排放空间分配，再由各国自行交易富余量与短缺量，这属于碳交易方式。历史责任原则针对《京都议定书》而来，本身仍然遵循着碳交易的思路。Olmstead & Stavins（2006）、Nordhaus（2006）等文献提到，数量调控型的碳交易在减排效率上虽然比行政管制要好，但也存在不少缺点；减排效率最高的是价格调控型的碳税方式，即，发生碳排放的行为具有加重全球变暖的负外部性，以货币单位计算出这一负外部性的大小，并征收相应的费用。

推行碳税有多方面的优点。第一，无须考虑碳排放的产权归属问题，谁排放谁付费，简单清楚，实施简便，具有可预见性和公开透明度，且可以根除系统性的寻租行为，减少不正当交易。第二，可在某种程度上兼顾发达国家的历史责任。发达国家排放高，其民众的付费就多；这是由历史原因所导致，部分地体现出了其历史责任。第三，至少在碳税实施的前期阶段，碳税收入是由各国自主支配的。到了未来某个时候，有可能出现国际碳税或部分碳税收入的集中使用，那么，越早开征碳税，可以积累经验，在国际碳税议题上扮演积极的参与者，对一国而言就越主动。第四，碳税可以激发民众的减排意识，激励相关企业寻找新的替代能源方式，有利于鼓励企业探索和利用可再生能源，从而促进能源结构和产业结构的调整（陈红敏，2012）。第五，相对于带有与邻为壑色彩的历史责任原则，推行碳税更容易获得国际社会的认同，惠己达人，有助于增强我国作为国际社会负责任大国的信誉。因此，我们建议以渐进的方式逐步淡化现有的碳交易所，改而试点开征碳税并逐步扩大范围。

说明：本章内容由 Bin Li，Tingting Li and Huifang Zeng（2017）整理而来，即发表在 2017 年 12 月份《Procedia Computer Science》上的《Analysis and Predictions of Historical Responsibilities of Carbon Mitigation Based on the RICE - 2010 Model》一文。

参 考 文 献

[1] 鲍健强，苗阳，陈锋. 低碳经济：人类经济发展方式的新变革 [J]. 中国工业经济，2008 (4)：153 – 160.

[2] 查建平，唐方方，郑浩生. 什么因素多大程度上影响到工业碳排放绩效——来自中国 (2003—2010) 省级工业面板数据的证据 [J]. 经济理论与经济管理，2013 (1)：79 – 95.

[3] 陈彩芹，巩在武. 1985—2010 年制造业二氧化碳排放的改变点分析及周期划分研究 [J]. 中国科技论坛，2013 (5)：51 – 59.

[4] 陈诗一. 能源消耗、二氧化碳排放与中国工业的可持续发展 [J]. 经济研究，2009 (4)：41 – 55.

[5] 陈诗一. 工业二氧化碳的影子价格：参数化和非参数化方法 [J]. 世界经济，2010 (8).

[6] 陈诗一. 中国的绿色工业革命：基于环境全要素生产率视角的解释 (1980—2008) [J]. 经济研究，2010 (11).

[7] 陈诗一. 中国碳排放强度的波动下降模式及经济解释 [J]. 世界经济，2011 (4).

[8] 陈迎，潘家华，庄贵阳. 防范全球变暖的历史责任与南北义务 [J]. 世界经济，1999 (2)：62 – 80.

[9] 陈迎，潘家华，庄贵阳. 防范全球变暖的历史责任与南北义务 [J]. 世界经济，1999 (2).

[10] 杜立民. 我国二氧化碳排放的影响因素：基于省级面板数据的研究 [J]. 南方经济，2010 (11)：20 – 33.

［11］樊纲，苏铭，曹静．最终消费与碳减排责任的经济学分析［J］．经济研究，2010（1）．

［12］樊星，马树才，朱连洲．中国碳减排政策的模拟分析——基于中国能源 CGE 模型的研究［J］．生态经济，2013（9）：50 - 54.

［13］国务院发展研究中心课题组．全球温室气体减排：理论框架和解决方案［J］．经济研究，2009（3）：4 - 13.

［14］胡振宇．低碳经济的全球博弈和中国的政策演化［J］．开放导报，2009（5）：15 - 19.

［15］黄蕊，朱永彬，王铮．上海市能源消费趋势和碳排放高峰估计［J］．上海经济研究，2010（10）：81 - 90.

［16］井志忠，耿得科．日本产业结构软化论［J］．现代日本经济，2007（6）：17 - 21.

［17］IPCC．气候变化2007：政府间气候变化专门委员会第四次评估报告第一、第二和第三工作组的报告［R］．日内瓦：联合国，2007：104.

［18］贾惠婷．规模、结构和技术效应影响碳排放的程度及交互关系——基于 1997—2009 年省际面板数据的实证分析［J］．科技管理研究，2013（14）：34 - 39.

［19］蒋毅一，徐鑫．我国产业结构现状对碳排放的影响及调整对策研究［J］．科技管理研究，2013（12）：23 - 27.

［20］李宾．我国资本存量估算的比较分析［J］．数量经济技术经济研究，2011（12）：21 - 37.

［21］李惠民，齐晔．中国 2050 年碳排放情景比较［J］．气候变化研究进展，2011（4）：271 - 280.

［22］林伯强，蒋竺均．中国二氧化碳的环境库兹涅茨曲线预测及影响因素分析［J］．管理世界，2009（4）：27 - 36.

［23］刘慧，成升魁，张雷．人类经济活动影响碳排放的国际研究动态［J］．地理科学进展，2002（5）：420 - 429.

［24］鲁传一，刘德顺．减缓全球气候变化的京都机制的经济学分析［J］．世界经济，2002（8）．

［25］马涛，东艳，苏庆义，高凌云. 工业增长与低碳双重约束下的产业发展及减排路径［J］. 世界经济，2011（8）.

［26］毛健. 经济增长中的产业结构优化［J］. 产业经济研究，2003（2）：26 - 36.

［27］孟彦菊，成蓉华，黑韶敏. 碳排放的结构影响与效应分解［J］. 统计研究，2013（4）：76 - 82.

［28］祁神军，张云波. 基于 ICCE-IC 的中国产业发展及减排策略研究［J］. 资源科学，2013（9）：1839 - 1846.

［29］石敏俊，袁永娜，周晟吕，等. 碳减排政策：碳税、碳交易还是两者兼之？［J］. 管理科学学报，2013（9）：9 - 19.

［30］田超杰. 技术进步对经济增长与碳排放脱钩关系的实证研究——以河南省为例［J］. 科技进步与对策，2013（4）：29 - 31.

［31］涂正革，王玮. 碳排放的驱动因素及我国低碳政策选择——基于1994—2010 年工业 39 个行业的证据［J］. 广东社会科学，2013（1）：76 - 80.

［32］王锋，吴丽华，杨超. 中国经济发展中碳排放增长的驱动因素研究［J］. 经济研究，2010（2）.

［33］王建明，王俊豪. 公众低碳消费模式的影响因素模型与政府管制政策［J］. 管理世界，2011（4）.

［34］王佳，杨俊. 地区二氧化碳排放与经济发展——基于脱钩理论和CKC 的实证分析［J］. 山西财经大学学报，2013（1）：8 - 18.

［35］王军. 气候变化经济学的文献综述［J］. 世界经济，2008（8）：85 - 96.

［36］王萱，宋德勇. 碳排放阶段划分与国际经验启示［J］. 中国人口·资源与环境，2013（5）：46 - 51.

［37］向国成，李宾，田银华. 威廉·诺德豪斯与气候变化经济学［J］. 经济学动态，2011（4）：103 - 107.

［38］徐彤. 经济增长、环境质量与产业结构的关系研究——以陕西为例［J］. 经济问题，2011（4）：48 - 52.

［39］徐玉高，郭元，吴宗鑫．碳权分配、全球碳排放权交易及参与激励［J］．数量经济技术经济研究，1997（3）．

［40］杨骞，刘华军．中国二氧化碳排放分布的随机收敛研究——基于地区、部门和行业层面数据的实证分析［J］．中南财经政法大学学报，2013（4）：70－77．

［41］杨子晖．经济增长与二氧化碳排放关系的非线性研究［J］．世界经济，2010（10）．

［42］姚西龙．技术进步、结构变动与制造业的二氧化碳排放强度［J］．暨南学报（哲学社会科学版），2013（3）：59－66．

［43］姚昕，刘希颖．基于增长视角的中国最优碳税研究［J］．经济研究，2010（11）：48－58．

［44］袁嫣．基于 CGE 模型定量探析碳关税对我国经济的影响［J］．国际贸易问题，2013（2）：92－99．

［45］张雷．中国一次能源消费的碳排放区域格局变化［J］．地理研究，2006（1）：1－9．

［46］张维阳，段学军．经济增长、产业结构与碳排放相互关系研究进展［J］．地理科学进展，2012（4）：442－450．

［47］张友国．中国贸易含碳量及其影响因素［J］．经济学（季刊）2010，9（4）．

［48］张志强，曾静静，曲建升．世界主要国家碳排放强度历史变化趋势及相关关系研究［J］．地球科学进展，2011（8）：859－869．

［49］郑长德，刘帅．产业结构与碳排放：基于中国省际面板数据的实证分析［J］．开发研究，2011（2）：26－33．

［50］朱永彬，王铮，庞丽，等．基于经济模拟的中国能源消费与碳排放高峰预测［J］．地理学报，2009（8）：935－944．

［51］庄贵阳．中国发展低碳经济的困难与障碍分析［J］．江西社会科学，2009（7）：20－26．

［52］周冯琦．劳动力配置与产业结构之间关系的理论模型分析［J］．上海社会科学院学术季刊，2001（2）：84－90．

[53] 周荣蓉. 中国产业结构调整对二氧化碳排放的影响分析——基于中国 30 个省级面板数据 [J]. 学术界, 2013 (10): 218 – 226.

[54] Adelman M A. Scarcity and World Oil Prices [J]. The Review of Economics and Statistics, 1986, 68 (3): 387 – 397.

[55] Aldy J E, Pizer W A. The Competitiveness Impacts of Climate Change Mitigation Policies [J]. NBER Working Paper, 2011: 17705.

[56] Andreoni J, Levinson A. The Simple Analytics of the Environmental Kuznets Curve [J]. Journal of Public Economics, 2001, 80 (5): 269 – 286.

[57] Anthoff D, Tol R. The Impact of Climate Change on the Balanced Growth Equivalent: An Application of FUND [J]. Environmental and Resource Economics, 2009, 43 (7): 351 – 367.

[58] Antweiler W. How Effective Is Green Regulatory Threat? [J]. American Economic Review, 2003, 93 (5): 436 – 441.

[59] Arrow K, Bolin B, Costanza R, et al. Economic Growth, Carrying Capacity and the Environment [J]. Science, 1995 (268): 520 – 521.

[60] Barbier E B. Introduction to the Environmental Kuznets Curve Special Issue [J]. Environment and Development Economics, 1997, 2 (10): 369 – 381.

[61] Barrett S. Climate Treaties and 'Breakthrough' Technologies [J]. American Economic Review, 2006, 96 (5): 22 – 25.

[62] Barrett S, Graddy K. Freedom, Growth and the Environment [J]. Environment and Development Economics, 2000, 5 (10): 433 – 456.

[63] Beckerman W. Economic Growth and the Environment: Whose Growth? Whose Environment? [J]. World Development, 1992, 20 (4): 481 – 496.

[64] Benchekroun H, Withagen C. The optimal depletion of exhaustible resources: A complete characterization [J]. Resource and Energy Economics, 2011, 33 (3): 612 – 636.

[65] Böhringer C, Carbone J C, Rutherford T F. Embodied Carbon Tariffs [J]. NBER Working Paper, 2011: 17376.

[66] Bovenberg A L, Smulders S. Environmental Quality and Pollution-

Augmenting Technological Change in a Two-Sector Endogenous Growth Model [J]. Journal of Public Economics, 1995, 57 (7): 369 – 391.

[67] Brander J A, Taylor M S. The Simple Economics of Easter Island: A Ricardo-Malthus Model of Renewable Resource Use [J]. American Economic Review, 1998, 88 (3): 119 – 138.

[68] Brock W A, Taylor M S. Economic Growth and the Environment: A Review of theory and empirics [C]. // Aghion P, Durlauf S N. Handbook of Economic Growth [M]. North-Holland: Elsevier, 2005: 1749 – 1821.

[69] Brohan P, Kennedy J J, Harris I, et al. Uncertainty estimates in regional and global observed temperature changes: a new dataset from 1850 [J]. Journal of Geophysical Research, 111.

[70] Marshall B, Miguel E, Satyanath S, et al. Warming increases the risk of civil war in Africa [J]. Proceedings of the National Academy of Sciences 2009, 106 (49): 20670.

[71] Carson R T, Jeon Y, McCubbin D R. The Relationship between Air Pollution Emissions and Income: US Data [J]. Environment and Development Economics, 1997, 2 (10): 433 – 450.

[72] Caselli F, Feyrer J. The Marginal Product of Capital [J]. Quarterly Journal of Economics, 2007, 122 (2): 535 – 568.

[73] Cline W R. Scientific Basis for the Greenhouse Effect [J]. The Economic Journal, 1991, 101 (407): 904 – 919.

[74] Cole M A, Rayner A J, Bates J M. The Environmental Kuznets Curve: An Empirical Analysis [J]. Environment and Development Economics, 1997, 2 (10): 401 – 416.

[75] Copeland B R, Taylor M S. North-South Trade and the Environment [J]. Quarterly Journal of Economics, 1994, 109 (8): 755 – 787.

[76] Copeland B R, Taylor M S. Trade and Transboundary Pollution [J]. American Economic Review, 1995, 85 (9): 716 – 737.

[77] Darmstadter J. Productivity Change in U. S. Coal Mining [J]. Re-

sources for the Future, Discussion Paper, 1997: 97 – 140.

[78] Dasgupta P, Heal G. The Optimal Depletion of Exhaustible Resources [J]. The Review of Economic Studies, 1974 (41): 3 – 28.

[79] Davies J B, Shi X, Whalley J. The Possibilities for Global Poverty Reduction Using Revenues from Global Carbon Pricing [J]. NBER Working Paper, 2011: 16878.

[80] Dean J M. Trade and the Environment: A Survey of the Literature [J]. International Trade and the Environment, 1992: 15 – 28.

[81] Deschenes O, Greenstone M. Climate Change, Mortality and Adaptation: Evidence from Annual Fluctuations in Weather in the US [J]. American Economic Journal: Applied Economics, 2011 (3): 4.

[82] Devarajan S, Fisher A C. Hotelling's Economics of Exhaustible Resources: Fifty Years Later [J]. Journal of Economic Literature, 1981, 19 (1): 65 – 73.

[83] Di M C, Valente S. Hicks Meets Hotelling: The Direction of Technical Change in Capital-Resource Economies [J]. Environment and Development Economics, 2008, 13 (6): 691 – 717.

[84] Dietz S, Maddison D J. New Frontiers in the Economics of Climate Change [J]. Environmental and Resource Economics, 2009, 43 (7): 295 – 306.

[85] Dowlatabadi H. Integrated Assessment Climate Assessment Model 2.0, Technical Documentation [J]. Energy Policy, 1993 (21): 209 – 221.

[86] Dowlatabadi H, Morgan M G. A Model Framework for Integrated Assessment of the Climate Problem [R]. Mimeo, Department of Engineering and Public Policy, Carnegie Mellon University, 1995.

[87] Duraiappah A K. Formulating and Solving Nonlinear Integrated Ecological-economic Models Using GAMS [J]. Computational Economics, 2001, 18 (10): 193 – 215.

[88] Eichner T, Pethig R. Pricing the Eco-system and Taxing Eco-system Services: A General Equilibrium Approach [J]. Journal of Economic Theory,

2009, 144 (7): 1589-1616.

[89] Forster B A. Optimal Capital Accumulation in a Polluted Environment [J]. Southern Economic Journal, 1973, 39 (4): 544-547.

[90] Gale D. On optimal development in a multi-sector economy [J]. Review of Economic Studies, 1967, 34 (1): 1-18.

[91] Golosov M, Hassler J, Krusell P, et al. Optimal Taxes on Fossil Fuel in General Equilibrium [J]. NBER Working Paper, 2011: 17348.

[92] Goulder L H, Jacobsen M R, van Benthem A A. Unintended Consequences from Nested State & Federal Regulations: The Case of the Pavley Greenhouse-Gas-per-Mile Limits [J]. NBER Working Papers, 2009: 15337.

[93] Gradus R, Smulders S. Pollution Abatement and Long-Term Growth [J]. European Journal of Political Economy, 1996, 12 (11): 505-532.

[94] Greenstone M, Kopits E, Wolverton A. Estimating the Social Cost of Carbon for Use in U. S. Federal Rulemakings: A Summary and Interpretation [J]. NBER Working Paper, 2011: 16913.

[95] Grossman G M, Krueger A B. Economic Growth and the Environment [J]. Quarterly Journal of Economics, 1995, 110 (5): 353-377.

[96] Harbaugh W T, Levinson A, Wilson D M. Re-examing the Empirical Evidence for an Environmental Kuznets Curve [J]. Review of Economics and Statistics, 2002, 84 (8): 541-551.

[97] Hartwick J M. Intergenerational Equity and the Investing of Rents from Exhaustible Resources [J]. American Economic Review, 1977, 67 (12): 972-974.

[98] Hassler J, Krusell P. Economics and Climate Change: Integrated Assessment in a Multi-Region World [J]. NBER Working Paper, 2012: 17757.

[99] Holtz-Eakin D, Selden T M. Stoking the Fires? CO_2 Emissions and Economic Growth [J]. Journal of Public Economics, 1995, 57 (5): 85-101.

[100] Hope C. The marginal impact of CO_2 from PAGE 2002: An Integrated Assessment Model Incorporating the IPCC's Five Reasons for Concern [J].

Integrated Assessment Journal, 2006 (6): 19 – 56.

[101] Hotelling H. The economics of exhaustible resources [J]. Journal of Political Economy, 1931 (39): 137 – 175.

[102] IPCC. 2006 IPCC Guidelines for National Greenhouse Gas Inventories. //Eggleston H S, Buendia L, Miwa K, et al. National Greenhouse Gas Inventories Programme [R]. Kanagawa: IGES, 2006.

[103] IPCC. Climate Change 2007: The Physical Science Basis [C]. // Metz O, Davidson P, Bosch R et al. Contribution of Working Group I to the Fourth Assessment Report of the Intergovernmental Panel on Climate Change [M]. New York: Cambridge University Press, 2007.

[104] Jones L E, Manuelli R E. A Positive Model of Growth and Pollution Controls [J]. NBER Working Papers, 1995: 5205.

[105] Jones L E, Manuelli R E. Endogenous Policy Choice: The Case of Pollution and Growth [J]. Review of Economic Dynamics, 2001, 4 (4): 369 – 405.

[106] Jorgenson D W, Wilcoxen P J. Environmental Regulation and U. S. Economic Growth [J]. RAND Journal of Economics, 1990, 21 (9): 314 – 340.

[107] Keeling C D. Industrial Production of Carbon Dioxide from Fossil Fuels and Limestone [J]. Tellus, 1973, 25 (2): 174 – 198.

[108] Kelly D L, Kolstad C D. Bayesian Learning, Growth and Pollution [J]. Journal Economic Dynamics and Control, 1997.

[109] Kelly D L, Kolstad C D. Integrated Assessment Models for Climate Change Control [R]. The International Yearbook of Environmental and Resource Economics: 1999/2000: A Survey of Current Issues, 1999: 171 – 197.

[110] Kelly D L, Kolstad C D. Solving Infinite Horizon Growth Models with an Environmental Sector [J]. Computational Economics, 2001, 18 (10): 217 – 231.

[111] Knittel C R, Sandler R. Carbon Prices and Automobile Greenhouse

Gas Emissions: The Extensive and Intensive Margins [J]. NBER Working Paper, 2010: 16482.

[112] Kolstad C D. Learning and Stock Effects in Environmental Regulation: The Case of Greenhouse Gas Emissions [J]. Journal of Environmental Economics and Management, 1996 (31): 1 – 18.

[113] Kolstad C D. Energy and Depletable Resources: Economics and Policy, 1973 – 1998 [J]. Journal of Environmental Economics and Management, 2000, 39 (3): 282 – 305.

[114] Krautkraemer J A. Nonrenewable Resource Scarcity [J]. Journal of Economic Literature, 1998, 36 (4): 2065 – 2107.

[115] Leimbach M, Bruckner T. Influence of Economic Constraints on the Shape of Emissions Corridors [J]. Computational Economics, 2001, 18 (10): 173 – 191.

[116] Lempert R J, Schlesinger M E, Banks S C. When We Don't Know the Costs or Benefits: Adaptive Strategies for Abating Climate Change [J]. Climatic Change, 1996 (33): 235 – 274.

[117] Leung S F. Cake Eating, Exhaustible Resource Extraction, Life-Cycle Saving and Non-atomic Games: Existence Theorems for a Class of Optimal Allocation Problems [J]. Journal of Economic Dynamics and Control, 2009, 33 (6): 1345 – 1360.

[118] Levinson A. Belts and Suspenders: Interactions among Climate Policy Regulations [J]. NBER Working Paper, 2010: 16109.

[119] Levinson A, Taylor M S. Unmasking the Pollution Haven Effect [J]. International Economic Review, 2008, 49 (2): 223 – 254.

[120] Lin C Y Cynthia, Wagner G. Steady-state growth in a Hotelling model of resource extraction [J]. Journal of Environmental Economics and Management, 2007, 54 (1): 68 – 83.

[121] Shunsuke M, Opaluch J J, Di Jin, et al. Stochastic frontier analysis of total factor productivity in the offshore oil and gas industry [J]. Ecological E-

conomics, 2006, 60 (11): 204 – 215.

[122] Manne A S, Mendelsohn R, Richels R G. MERGE: A Model for Evaluating Regional and Global Effects of GHG Reduction Policies [J]. Energy Policy, 1993, 23 (1): 17 – 34.

[123] Manne A, Mendelsohn R, Richels R. MERGE: A Model for Evaluating Regional and Global Effects of GHG Reduction Policies [J]. The Economics of Global Warming, 1995: 300 – 317.

[124] Massachusetts Institute of Technology. Joint Program on the Science and Technology of Global Climate Change [M]. Cambridge: MIT Press, 1994.

[125] Mendelsohn R, Nordhaus W D, Shaw D. The Impact of Global Warming on Agriculture: A Ricardian Analysis [J]. American Economic Review, 1994, 84 (4): 753 – 771.

[126] McConnell K E. Income and the Demand for Environmental Quality [J]. Environment and Development Economics, 1997, 2 (10): 383 – 399.

[127] Meadows D H, et al. The Limits to Growth [M]. New York: 1972.

[128] Millner A, Dietz S, Heal G. Ambiguity and Climate Policy [J]. NBER Working Paper, 2010: 16050.

[129] Mohtadi H. Environment, Growth and Optimal Policy Design [J]. Journal of Public Economics, 1996, 63 (12): 119 – 140.

[130] Morita T, et al. AIM-Asian-Pacific Integrated Model for Evaluating Policy Options to Reduce GHG Emissions and Global Warming Impacts, Interim Report [R]. Tsukuba: Mimeo National Institute for Environmental Studies, 1994.

[131] Newell R G, Jaffe A B, Stavins R N. The Induced Innovation Hypothesis and Energy-Saving Technological Change [J]. Quarterly Journal of Economics, 1999, 114 (3): 941 – 975.

[132] Nordhaus W D. Resources as a Constraint on Growth [J]. American Economic Review, 1974, 64 (2): 22 – 26.

［133］Nordhaus W D. Economic Growth and Climate: The Carbon Dioxide Problem ［J］. American Economic Review, 1977, 67 （1）: 341 – 346.

［134］Nordhaus W D. To Slow or Not to Slow: The Economics of the Greenhouse Effect ［J］. Economic Journal, 1991, 101 （407）: 920 – 937.

［135］Nordhaus W D. How Fast Should We Graze the Global Commons? ［J］. American Economic Review, 1982, 72 （5）: 242 – 246.

［136］Nordhaus W D. Lethal Model 2: The Limits to Growth Revisited ［J］. Brookings Papers on Economic Activity, 1992 （2）: 1 – 43.

［137］Nordhaus W D. Managing the Global Commons: The Economics of Climate Change ［M］. Cambridge: MIT Press, 1994: 213.

［138］Nordhaus W D. After Kyoto: Alternative Mechanisms to Control Global Warming ［J］. American Economic Review, 2006, 96 （5）: 31 – 34.

［139］Nordhaus W D. A Review of the Stern Review on the Economics of Climate Change ［J］. Journal of Economic Literature, 2007, 45 （9）: 686 – 702.

［140］Nordhaus W D. A Question of Balance: Weighing the Options on Global Warming Policies ［M］. New Haven: Yale University Press, 2008: 234.

［141］Nordhaus W D. Alternative Policies and Sea-Level Rise in the RICE – 2009 Model ［J］. Cowles Foundation Discussion Papers, 2009: 1716.

［142］Nordhaus W D. Economic Aspects of Global Warming in a Post-Copenhagen Environment ［J］. Proceedings of the National Academy of Sciences, 2010, 107 （26）: 11721 – 11726.

［143］Nordhaus, William D. Estimates of the Social Cost of Carbon: Background and Results from the RICE – 2011 Model ［J］. NBER Working Paper, 2011: 17540

［144］Nordhaus, W. D. The Economics of Tail Events with an Application to Climate Change ［J］. Review of Environmental Economics and Policy, 2011, 5 （2）: 240 – 257.

［145］Nordhaus W D, Boyer J. Warming the World: Economic Models of

Global Warming [M]. Cambridge: MIT Press, 2000.

[146] Nordhaus W D, Yang Z. A Regional Dynamic General-Equilibrium Model of Alternative Climate-Change Strategies [J]. American Economic Review, 1996, 86 (9): 741 – 765.

[147] Olmstead S M, Stavins R N. An International Policy Architecture for the Post-Kyoto Era [J]. American Economic Review, 2006, 96 (5): 35 – 38.

[148] Peck S C, Teisberg T J. CETA: A Model for Carbon Emissions Trajectory Assessment [J]. Energy Journal, 1992, 13 (1): 55 – 77.

[149] Pindyck R S. Uncertain Outcomes and Climate Change Policy [J]. NBER Working Papers, 2009: 15259.

[150] Pindyck R S. Fat Tails, Thin Tails and Climate Change Policy [J]. Review of Environmental Economics and Policy, 2011, 5 (2): 258 – 274.

[151] Pizer W A. The Evolution of a Global Climate Change Agreement [J]. American Economic Review, 2006, 96 (5): 26 – 30.

[152] Popp D. Induced Innovation and Energy Prices [J]. American Economic Review, 2002, 92 (3): 160 – 180.

[153] Popp D. Innovation and Climate Policy [J]. NBER Working Paper, 2010: 15673.

[154] Rawls J A. Theory of Justice [M]. Cambridge: Harvard University Press, 1971.

[155] Scheffer M, Carpenter S R. Catastrophic regime shifts in ecosystems: linking theory to observation [J]. Trends in Ecology and Evolution, 2003, 18 (12): 648 – 656.

[156] Schenk N J, Lensink S M. Communicating uncertainty in the IPCCs greenhouse gas emissions scenarios [J]. Climate Change, 2007 (82): 293 – 308.

[157] Shafieea S, Topalb E. A long-term view of worldwide fossil fuel prices [J]. Applied Energy, 2010, 87 (3): 988 – 1000.

[158] Sigman H. Monitoring and Enforcement of Climate Policy [J]. NBER Working Paper, 2010: 16121.

［159］Smith P E, Wisley T O. On a Model of Economic Growth Using Factors of Production to Extract an Exhaustible Resource ［J］. Southern Economic Journal, 1983, 49（4）: 966 – 974.

［160］Solow R M. Intergenerational Equity and Exhaustible Resources ［J］. The Review of Economic Studies, Symposium on the Economics of Exhaustible Resources, 1974（41）: 29 – 45.

［161］Stern N. Stern Review on the Economics of Climate Change ［EB/OL］. http: //www. hm-treasury. gov. uk/sternreview_ index. htm.

［162］Stiglitz J. Growth with Exhaustible Natural Resources: Efficient and Optimal Growth Paths ［J］. The Review of Economic Studies, Symposium on the Economics of Exhaustible Resources, 1974（41）: 123 – 137.

［163］Stiglitz J E. Monopoly and the Rate of Extraction of Exhaustible Resources ［J］. American Economic Review, 1976, 66（4）: 655 – 661.

［164］Stokey N L. Are There Limits to Growth? ［J］. International Economic Review, 1998, 39,（2）: 1 – 31.

［165］Tian H, Whalley J. The Potential Global and Developing Country Impacts of Alternative Emission Cuts and Accompanying Mechanisms for the Post Copenhagen Process ［J］. NBER Working Paper, 2010: 16090.

［166］Tol R S J. On the optimal control of carbon dioxide emissions: an application of FUND ［J］. Environmental Modeling and Assessment, 1997（2）: 151 – 163.

［167］Tol R S J. Climate Coalitions in an Integrated Assessment Model ［J］. Computational Economics, 2001, 18（10）: 159 – 172.

［168］Tol R S J, et al. The Climate Fund: Some Notions on the Socio-Economic Impacts of Greenhouse Gas Emissions and Emission Reduction in an International Context ［M］. Boekhandel: Vrijie Universiteit Amsterdam, 1995.

［169］Von Below D, Persson T. Uncertainty, Climate Change and the Global Economy ［J］. NBER Working Papers, 2008: 14426.

［170］Weitzman M L. A Review of the Stern Review on the Economics of Climate Change ［J］. Journal of Economic Literature, 2007, 45 （9）: 703－724.

［171］Weitzman M L. Some Dynamic Economic Consequences of the Climate-Sensitivity Inference Dilemma ［C］. Unpublished manuscript, 2008 （2）.

［172］Weitzman M L. On Modeling and Interpreting the Economics of Catastrophic Climate Change ［J］. Review of Economics and Statistics, 2009, 91 （2）: 1－19.

［173］Weitzman M L. Fat-Tailed Uncertainty in the Economics of Catastrophic Climate Change ［J］. Review of Environmental Economics and Policy, 2011, 5 （2）: 275－292.

［174］Weyant, et al. Integrated Assessment of Climate Change: An Overview and Comparison of Approaches and Results ［C］. //Bruce J P, et al. Climate Change 1995: Economic and Social Dimensions of Climate Change ［M］. Cambridge: Cambridge University Press, 1996: 367－439.

［175］Whalley J. What Role for Trade in a Post－2012 Global Climate Policy Regime ［J］. NBER Working Paper, 2011: 17498.

［176］Yang Z. Reevaluation and Renegotiation of Climate Change Coalitions: A Sequential Closed-Loop Game Approach ［J］. Journal of Economic Dynamics and Control, 2003, 27 （7）: 1563－1594.

索　引

C

初始人口 …………………… 103

初始值 ……………………… 062

储藏地 ……………………… 052

储蓄率 ……………………… 040

CKC 拐点 …………………… 083

从量碳税 …………………… 077

D

大气层 ……………………… 010

低碳 ………………………… 029

地表层 ……………………… 069

DICE 模型 ………………… 062

E

EKC 拐点 …………………… 019

F

反需求函数 ………………… 054

G

购买力平价 ………………… 064

轨迹 ………………………… 009

H

化石燃料 …………………… 008

I

IAM ………………………… 025

J

减排压力 …………………… 088

经济体 ……………………… 027

L

量纲 ………………………… 076

N

内生变量 …………………… 031

能源消耗 …………………… 038

P

配额 ………………………… 063

PAGE 模型 ………………… 026

Q

气候变暖 …………………… 042

R

热辐射 ················· 010

S

深海层 ················· 069

市场出清 ··············· 055

T

碳成本 ················· 063

碳关税 ················· 063

碳含量 ················· 008

碳减排 ················· 016

碳交易 ················· 030

碳循环 ················· 012

凸函数 ················· 053

W

温室气体 ··············· 006

温室效应 ··············· 006

Y

氧化率 ················· 077

原油当量 ··············· 072

Z

折旧额 ················· 105

折旧率 ················· 046

资本品 ················· 017

总储量 ················· 044

附 录 A

>>> 第五章DICE-E所用程序代码

下面的程序代码用于本书第五章 DICE-E 模型。所用软件为 GAMS。请读者酌情使用。

```
$ ontext
$ offtext
SETS   T                    Time periods              /1 * 60/;


SCALARS


* * Preferences
B_ ELASMU    Elasticity of marginal utility of consumption     /   2.0     /
B_ PRSTP     Initial rate of social time preference per year   /.015     /


* * Population and technology
POP0      2005 world population millions               /6514     /
GPOP0     Growth rate of population per decade          /.35      /
POPASYM   Asymptotic population                         /8600     /
GA0       Initial growth rate for technology per decade  /.092     /
DELA      Decline rate of technol change per decade      /.001     /
```

DK   Depreciation rate on capital per year   /. 10   /

＊＊GAMA   Capital elasticity in production function   /. 446   /

BetaL   labor elasticity in final goods sector   /0. 495   /

AlphaK   capital elasticity in final goods sector   /0. 446   /

gamaK   capital elasticity in energy sector   /0. 719   /

ElasticityE   energy elasticity in final goods sector   /0. 059   /

gamaN   Labor elasticity in production function of resources sector   /. 281
        /

Q0   2010 world gross output trill 2005 US dollars   /61. 1   /

K0   2010 value capital trill 2005 US dollars   /137   /

N0   2010 fuel consume volume   /8. 991   /

Yita   parameter in final goods sector   /0. 048/

GB0   Initial growth rate for technology in resource sector per decade
        /0. 0/

theta   parameter reflecting growth effect of climate change   /0. 0   /

＊＊Emissions

SIG0   CO2 – equivalent emissions – GNP ratio 2005   /. 13418   /

GSIGMA   Initial growth of sigma per decade   / –. 0730   /

DSIG   Decline rate of decarbonization per decade   /. 003   /

DSIG2   Quadratic term in decarbonization   /. 000   /

ELAND0   Carbon emissions from land 2005 (GtC per decade) /11. 000   /

＊＊Carbon cycle

MAT2000   Concentration in atmosphere 2005 (GtC)   /808. 9   /

MU2000   Concentration in upper strata 2005 (GtC)   /1255   /

ML2000   Concentration in lower strata 2005 (GtC)   /18365   /

b11   Carbon cycle transition matrix   /0. 810712/

b12   Carbon cycle transition matrix   /0. 189288/

b21	Carbon cycle transition matrix	/0.097213/
b22	Carbon cycle transition matrix	/0.852787/
b23	Carbon cycle transition matrix	/0.05 /
b32	Carbon cycle transition matrix	/0.003119/
b33	Carbon cycle transition matrix	/0.996881/

* * Climate model

T2XCO2	Equilibrium temp impact of CO2 doubling oC	/3/
FEX0	Estimate of 2000 forcings of non – CO2 GHG	/ – .06 /
FEX1	Estimate of 2100 forcings of non – CO2 GHG	/0.30 /
TOCEAN0	2000 lower strat. temp change（C）from 1900	/.0068 /
TATM0	2010 atmospheric temp change（C）from 1900	/.7307 /
C1	Climate – equation coefficient for upper level	/.220 /
C3	Transfer coeffic upper to lower stratum	/.300 /
C4	Transfer coeffic for lower level	/.050 /
FCO22X	Estimated forcings of equilibrium co2 doubling	/3.8 /

* * Climate damage parameters calibrated for quadratic at 2.5C for 2105

A1	Damage intercept	/0.00000 /
A2	Damage quadratic term	/ 0.0028388/
A3	Damage exponent	/2.00 /

* * Abatement cost

EXPCOST2	Exponent of control cost function	/2.8 /
PBACK	Cost of backstop 2005 000 $ per tC 2005	/1.17 /
BACKRAT	Ratio initial to final backstop cost	/2 /
GBACK	Initial cost decline backstop pc per decade	/.05 /
LIMMIU	Upper limit on control rate	/1 /

* * Participation

PARTFRACT1   Fraction of emissions under control regime 2005/1   /

PARTFRACT2   Fraction of emissions under control regime 2015/1   /

PARTFRACT21   Fraction of emissions under control regime 2205/1   /

DPARTFRACT   Decline rate of participation   /0   /

* * Availability of fossil fuels

FOSSLIM   Maximum cumulative extraction fossil fuels   /6000   /

* * Scaling and inessential parameters

scale1 Scaling coefficient in the objective function   /194   /

scale2 Scaling coefficient in the objective function   /381800/ ;

* Definitions for outputs of no economic interest

SETS

        TFIRST（T）

        TLAST（T）

        TEARLY（T）

        TLATE（T）;

PARAMETERS

    Gama   Capital elasticity in gross production function

    A0

    B0

    BL（T）   Level of total factor productivity in resource sector

    GB（T）   Growth rate of productivity in resource sector from 0 to T

    SIGMA（T） CO_2 - equivalent - emissions output ratio

    L（T）   Level of population and labor

AL (T)   Level of total factor productivity

RR (T)   Average utility social discount factor

GA (T)   Growth rate of productivity from 0 to T

FORCOTH (T)   Exogenous forcing for other greenhouse gases

GL (T)   Growth rate of labor 0 to T

GCOST1   Growth of cost factor

GSIG (T)   Cumulative improvement of energy efficiency

ETREE (T)   Emissions from deforestation

COST1 (t)   Adjusted cost for backstop

PARTFRACT (T)   Fraction of emissions in control regime

AA1   Variable A1

AA2   Variable A2

AA3   Variable A3

ELASMU   Variable elasticity of marginal utility of consumption

PRSTP   Variable nitial rate of social time preference per year

LAM   Climate model parameter

Gfacpop (T)   Growth factor population;

* Unimportant definitions to reset runs

TFIRST (T) = YES $ (ORD (T) EQ1);

TLAST (T)   = YES $ (ORD (T) EQ CARD (T));

TEARLY (T) = YES $ (ORD (T) LE 20);

TLATE (T)   = YES $ (ORD (T) GE 21);

AA1 = A1;

AA2 = A2;

AA3 = A3;

ELASMU = B_ ELASMU;

PRSTP   = B_ PRSTP;

b11 = 1 − b12;

b21 = 587. 473 ∗ B12/1143. 894;

b22 = 1 − b21 − b23;

b32 = 1143. 894 ∗ b23/18340;

b33 = 1 − b32;

gama = alphaK + gamaK ∗ ElasticityE;

A0 = Q0/ ((K0 ∗ ∗ gama) ∗ (pop0 ∗ ∗ (1 − gama)) ∗ exp (− yita ∗
ElasticityE ∗ TATM0 ∗ ∗ 2));

B0 = N0/ ((K0 ∗ ∗ (1 − gamaN)) ∗ (pop0 ∗ ∗ gamaN));

∗ Important parameters for the model

bl (" 1") = B0;

gb (T) = gb0 ∗ EXP (− 10 ∗ (ORD (T) − 1));

LOOP (T, bl (T + 1) = bl (T) ∗ (1 + gb0););

LAM   = FCO22X/T2XCO2;

Gfacpop (T) =   (exp (gpop0 ∗ (ORD (T) − 1)) − 1) /exp (gpop0
∗ (ORD (T) − 1));

L (T) = POP0 ∗ (1 − Gfacpop (T)) + Gfacpop (T) ∗ popasym;

ga (T) = ga0 ∗ EXP (− dela ∗ 10 ∗ (ORD (T) − 1));

al (" 1") = a0;

LOOP (T, al (T + 1) = al (T) / ((1 − ga (T))););

gsig (T) = gsigma ∗ EXP (− dsig ∗ 10 ∗ (ORD (T) − 1) − dsig2 ∗ 10 ∗
((ord (t) − 1) ∗ ∗ 2));

sigma (" 1") = sig0;

LOOP (T, sigma (T + 1) = (sigma (T) / ((1 − gsig (T + 1)))););

cost1 (T) = (PBACK ∗ SIGMA (T) /EXPCOST2) ∗ ((BACKRAT − 1 +
EXP (− gback ∗ (ORD (T) − 1))) /BACKRAT);

ETREE (T) = ELAND0 * (1 - 0.1) ** (ord (T) -1);

RR (t) = 1/ ((1 + prstp) ** (10 * (ord (T) -1)));

FORCOTH (T) = FEX0 + .1 * (FEX1 - FEX0) * (ORD (T) -1)

$ (ORD (T) LT12) +0. 36 $ (ORD (T) GE12);

partfract (t) = partfract21;

PARTFRACT (T) $ (ord (T) < 25) = Partfract21 + (PARTFRACT2 -

Partfract21) * exp (- DPARTFRACT * (ORD (T) -2));

partfract (" 1") = PARTFRACT1;

VARIABLES

Ntr (T)	usage of natural resources
E2 (t)	
MIU (T)	Emission control rate GHGs
FORC (T)	Radiative forcing in watts per m2
TATM (T)	Temperature of atmosphere in degrees C
TOCEAN (T)	Temperatureof lower oceans degrees C
MAT (T)	Carbon concentration in atmosphere GtC
MATAV (T)	Average concentrations
MU (T)	Carbon concentration in shallow oceans Gtc
ML (T)	Carbon concentration in lower oceans GtC
E (T)	CO2 - equivalent emissions GtC
C (T)	Consumption trillions US dollars
K (T)	Capital stock trillions US dollars
CPC (T)	Per capita consumption thousands US dollars
PCY (t)	Per capita income thousands US dollars
I (T)	Investment trillions US dollars
S (T)	Gross savings rate as fraction of gross world product
RI (T)	Real interest rate per annum

Y (T)	Gross world product net of abatement and damages
YGROSS (T)	Gross world product GROSS of abatement and damages
YNET (T)	Output net of damages equation
DAMAGES (T)	Damages
ABATECOST (T)	Cost of emissions reductions
CCA (T)	Cumulative industrial carbon emissions GTC
PERIODU (t)	One period utility function
UTILITY;	

POSITIVE VARIABLES MIU, TATM, TOCE, E, MAT, MATAV, MU, ML, Y, YGROSS, C, K, I, CCA;

EQUATIONS

CCTFIRST (T)	First period cumulative carbon
CCACCA (T)	Cumulative carbon emissions
UTIL	Objective function
YY (T)	Output net equation
YNETEQ (T)	Output net of damages equation
YGROSSEQ (T)	Output gross equation
DAMEQ (T)	Damage equation
ABATEEQ (T)	Cost of emissions reductions equation
CC (T)	Consumption equation
KK (T)	Capital balance equation
KK0 (T)	Initial condition for capital
KC (T)	Terminal condition for capital
CPCE (t)	Per capita consumption definition
PCYE (T)	Per capita income definition
EE (T)	Emissions equation

SEQ （T）   Savings rate equation

RIEQ （T）   Interest rate equation

FORCE （T）   Radiative forcing equation

MMAT0 （T）   Starting atmospheric concentration

MMAT （T）   Atmospheric concentration equation

MMATAVEQ （t）   Average concentrations equation

MMU0 （T）   Initial shallow ocean concentration

MMU （T）   Shallow ocean concentration

MML0 （T）   Initial lower ocean concentration

MML （T）   Lower ocean concentration

TATMEQ （T）   Temperature – climate equation for atmosphere

TATM0EQ （T）   Initial condition for atmospheric temperature

TOCEANEQ （T）   Temperature – climate equation for lower oceans

TOCEAN0EQ （T）   Initial condition for lower ocean temperature

PERIODUEQ （t）   Instantaneous utility function equation

Nature （t）

EE2 （t）   ;

* * Equations of the model

Nature （T） ..   ntr （T） = E = BL （T） * （K （T） * * （1 – gam-aN）） * （L （T） * *gamaN）;

EE （T） ..   E （T） = E = ETREE （T） + 10 * 0. 894 * Ntr （T） * （1 – miu （t））;

CCTFIRST （TFIRST） .. CCA （TFIRST） = E = 0;

CCACCA （T + 1） ..   CCA （T + 1） = E = CCA （T） + E （T）;

KK （T） ..   K （T + 1） = L = （1 – DK） * * 10 * K （T） + 10 * I （T）;

KK0 （TFIRST） ..   K （TFIRST） = E = K0;

KC（TLAST）..   .02 * K（TLAST）= L = I（TLAST）;

EE2（T）..   E2（T）= E = 10 * SIGMA（T）* （1 - MIU
（T））* AL（T）* L（T）** （1 - GAMA）* K（T）** GAMA +
ETREE（T）;

FORCE（T）..   FORC（T）= E = FCO22X * （（log（（Matav
（T）+.000001）/596.4）/log（2）））+FORCOTH（T）;

MMAT0（TFIRST）..   MAT（TFIRST）= E = MAT2000;

MMU0（TFIRST）..   MU（TFIRST）= E = MU2000;

MML0（TFIRST）..   ML（TFIRST）= E = ML2000;

MMAT（T + 1）..   MAT（T + 1）= E = MAT（T）* b11 + MU
（T）* b21 + E（T）;

MMATAVEQ（t）..   MATAV（T）= e = （MAT（T）+ MAT
（T + 1））/2;

MML（T + 1）..   ML（T + 1）= E = ML（T）* b33 + b23 *
MU（T）;

MMU（T + 1）..   MU（T + 1）= E = MAT（T）* b12 + MU
（T）* b22 + ML（T）* b32;

TATM0EQ（TFIRST）..   TATM（TFIRST）= E = TATM0;

TATMEQ（T + 1）..   TATM（T + 1）= E = TATM（t）+ C1 *
（FORC（t + 1）- LAM * TATM（t）- C3 * （TATM（t）- TOCEAN
（t）））;

TOCEAN0EQ（TFIRST）..   TOCEAN（TFIRST）= E = TOCEAN0;

TOCEANEQ（T + 1）..   TOCEAN（T + 1）= E = TOCEAN（T）+ C4 *
（TATM（T）- TOCEAN（T））;

YGROSSEQ（T）..   YGROSS（T）= e = AL（T）* L（T）** （1 -
GAMA）* K（T）** GAMA;

** DAMEQ（T）..   DAMAGES（t）= E = YGROSS（T）-
YGROSS（T）/ （1 + aa1 * TATM（T）+ aa2 * TATM（T）** aa3）;

DAMEQ（T）.. DAMAGES（t）= E = YGROSS（T）– YGROSS（T）* exp（– yita * ElasticityE * TATM（T）* *2）;

YNETEQ（T）.. YNET（T）= E = YGROSS（T）* exp（– yita * ElasticityE * TATM（T）* *2）;

ABATEEQ（T）.. ABATECOST（T）= E = （PARTFRACT（T）* *（1 – expcost2））* YGROSS（T）*（cost1（t）*（MIU（T）* * EXP-cost2））;

YY（T）.. Y（T）= E = YGROSS（T）*（（1 – （PARTFRACT（T）* *（1 – expcost2））* cost1（t）*（MIU（T）* * EXPcost2）））* exp（– yita * ElasticityE * TATM（T）* *2）;

SEQ（T）.. S（T）= E = I（T）/（.001 + Y（T））;

RIEQ（T）.. RI（T）= E = GAMA * Y（T）/K（T）–（1 –（1 – DK）* *10）/10 ;

CC（T）.. C（T）= E = Y（T）– I（T）;

CPCE（T）.. CPC（T）= E = C（T）*1000/L（T）;

PCYE（T）.. PCY（T）= E = Y（T）*1000/L（T）;

PERIODUEQ（T）.. PERIODU（T）= E = （（C（T）/L（T））* *（1 – ELASMU）– 1）/（1 – ELASMU）;

UTIL.. UTILITY = E = SUM（T, 10 * RR（T）* L（T）*（PERIODU（T））/scale1）+ scale2;

* * Upper and Lower Bounds: General conditions for stability

K. lo（T）= 100;

MAT. lo（T）= 10;

MU. lo（t）= 100;

ML. lo（t）= 1000;

C. lo（T）= 20;

TOCEAN. up（T）= 20;

```
TOCEAN. lo (T)        = -1;
TATM. up (t)          = 20;
miu. up (t)           = LIMMIU;
partfract ("1")  = 0.25372;


* First period predetermined by Kyoto Protocol
miu. fx ("1")       = 0.005;


* * Fix savings assumption for standardization if needed
* * s. fx (t)  = .22;


* * Cumulative limits on carbon use at 6000 GtC
CCA. up (T)  = FOSSLIM;


* * Solution options
option iterlim = 99900;
option reslim = 99999;
option solprint = on;
option limrow = 0;
option limcol = 0;
model CO2/all/;


* Optimal run
* Solution for optimal run


solve CO2 maximizing UTILITY using nlp;


display A0, B0, gama;
   execute_ unload" data01. gdx", tatm, miu, mat, e, ri, y, pcy, kk. m,
```

ee. m, damages, abatecost, ntr;

```
execute" gdxxrw data01. gdx output = data01. xls var = tatm rng = a2" ;
execute" gdxxrw data01. gdx output = data01. xls var = miu rng = a6" ;
execute" gdxxrw data01. gdx output = data01. xls var = mat rng = a10" ;
execute" gdxxrw data01. gdx output = data01. xls var = e rng = a14" ;
execute" gdxxrw data01. gdx output = data01. xls var = ri rng = a18" ;
execute" gdxxrw data01. gdx output = data01. xls var = y rng = a22" ;
execute" gdxxrw data01. gdx output = data01. xls var = pcy rng = a26" ;


execute" gdxxrw data01. gdx output = data01. xls equ = kk. m rng = a30" ;
execute" gdxxrw data01. gdx output = data01. xls equ = ee. m rng = a34" ;


execute" gdxxrw data01. gdx output = data01. xls var = damages rng = a38" ;
execute" gdxxrw data01. gdx output = data01. xls var = abatecost rng = a42" ;
execute" gdxxrw data01. gdx output = data01. xls var = ntr rng = a46" ;
```

附 录 B

>>> RICE–2010模型的程序运行指南

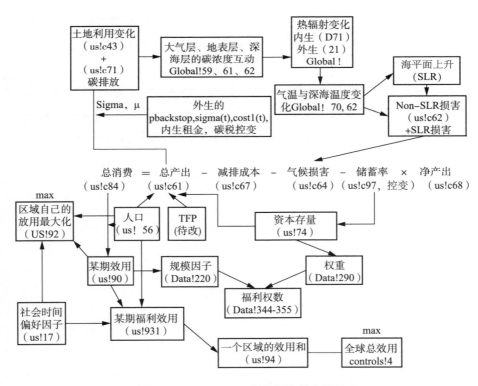

图 B–1 RICE–2010 所用程序的变量关系

数值计算在 IAM 模型的相关研究中是重要的技术支撑。虽然不同的软件都可以做到这点，比如 Matlab、GAMS，但是实际效果和学习的成本相差较大。

笔者的经验是，GAMS 的学习成本相对较低，在处理 DICE 这类小模型时表现还不错，但是在处理 Nordhaus 的 RICE 系列这类较为复杂的模型时，则表现欠佳。其主要的缺点在于，当无法获得数值可行解时，GAMS 并不能给出是哪个环节出了问题的提示或说明。其数值计算过程对使用者而言是一个黑箱。如果数值计算得顺利，那么 GAMS 的计算速度是很快的；但是，如果不顺利，GAMS 可以让人抓狂，因为使用者不知道问题出在了哪里，也就无从下手去修正。

笔者猜测，Nordhaus 也是吃到了 GAMS 的苦头，所以他在对 RICE 系列模型的后期版本做数值计算时，主要使用了 *Premium Solver Platform* 这一软件。与 GAMS 相比，*Premium Solver Platform* 在给出错误提示方面，改善了很多。如果数值计算进程不顺利，使用者大致能知道问题出在了哪些环节或步骤上，进而对程序展开调试。不过，*Premium Solver Platform* 不直观；它内嵌于 excel 里，并不以通常的程序形式呈现出来。因此，这里对 RICE 2010 模型所用的程序给出说明。

关于 *Premium Solver Platform* 的详细说明，请从其官网寻找资料。这里直接介绍该软件在执行 RICE 2010 程序时的框架和流程。图 A-1 展示了 RICE 2010 程序中的变量关系。其中，标识为 control、US、data、global 的，分别是在 excel 文档的 control 页面、US 页面、data 页面、global 页面。这些页面的名字是 Nordhaus 取的；使用者当然可以修改页面名称，不过，这之后需要在各个 excel 方格内做相应的更改。在页面名称后面的数字，比如 control！4 代表 control 页面的第 4 行。意思是，某个变量在不同年份的数值或计算，最终体现在这个页面的这一行。之所以只表示行，是因为列展示了该变量在不同年份的取值。

RICE 2010 的程序分为两个文档。一个是 base，另一个是 opt。前者代表仅仅以储蓄率作为控制变量，碳减排率为 0，执行优化计算；后者代表仅仅以碳减排率作为控制变量，储蓄率采用 base 的计算结果，再执行优化计算。具体操作步骤如下：第一步，设定好模型中参数和变量的初始值。第二步，在 base 文档的 data 页面运行宏 multiscale、scaleunits，在各个区域

页面运行一次宏 zero。第三步，优化、保存。第四步，重复第 2、3 步。第五步，当觉得收敛时，把 base 文档里的储蓄率复制到 opt 文档的对应位置，并另存为一个文件名。第六步，在 opt 文档的 data 页面运行宏 multiscale、scaleunits，在各个区域页面运行一次宏 zero。第七步，优化、保存。第八步，重复第 6、7 步，直至收敛。